Andre Schöfer

# Elliptische Galaxien

Andre Schöfer

# Elliptische Galaxien

## Umgebung, Struktur und stellare Population

Eine wissenschaftliche Arbeit

Originalausgabe

© 1993 Andre Schöfer
Umschlagabbildung: Sombrero Spiralgalaxie, M104, NGC 4594
Herstellung und Verlag: Books on Demand GmbH, Norderstedt
ISBN 978-3-8370-5818-5

# Inhalt

# Inhaltsverzeichnis

**1 Einleitung**     11
    1.1 Struktur elliptischer Galaxien ................................ 12
    1.2 Stellare Population .................................................. 17
    1.3 Umgebungseffekte ................................................... 19
    1.4 Motivation ................................................................ 20

**2 Daten**     23
    2.1 Datenmaterial ......................................................... 24
    2.2 Standardreduktion .................................................. 25
    2.3 Isophotenanalyse .................................................... 26
    2.4 Ermittlung repräsentativer Parameter .................... 28
       2.4.1 Der vierte Cosinus-Koeffizient ................... 29
       2.4.2 Der Pekuliaritätsparameter ......................... 32
       2.4.3 Die Elliptizität ............................................. 33
       2.4.4 Der Isophotentwist ...................................... 34
       2.4.5 Fehlerabschätzung ...................................... 35

**3 Ergebnisse und Diskussion**     37
    3.1 Galaxienstruktur gegen Stellare Population ........... 40
    3.2 Galaxienumgebung gegen Stellare Population ...... 47
    3.3 Galaxienstruktur gegen Galaxienumgebung ......... 50
    3.4 Absoluthelligkeit und Oberflächenhelligkeit ......... 57
    3.5 Pekuliarität gegen Isophotentwist ........................... 59

**4 Zusammenfassung und Ausblick**     63

**5 Literaturverzeichnis**     69

**Anhang A**     73

**Anhang B**     87

# Abbildungsverzeichnis

1  Absoluthelligkeit gegen mittlere Oberflächenhelligkeit 12
2  Formen von Ellipsoiden ................................................. 13
3  Isophoten-Modelle mit normierten Koeffizienten ........ 14
4  Die disky Isophoten von NGC 2271 ............................ 15
5  Die boxy Isophoten von NGC 3087 ............................ 16
6  Der vierte Cosinus-Koeffizient gegen die Elliptizität .. 17
7  $Mg_2$ gegen zentrale Geschwindigkeitsdispersion ......... 18
8  Effektivradien ................................................................ 28
9  Die Ermittlung von $a_4/a$ ............................................... 30
10 $a_4 (< r_e)$ gegen $a_4 (> r_e)$ .................................................. 31
11 $p (> r_e)$ gegen $p (< r_e)$ ................................................... 33
12 Die Ermittlung von $\Delta PA$ ................................................ 34
13 Der Kolmogorov-Smirnov-Test .................................... 39
14 Pekuliarität gegen $Mg/\sigma$-Residuen ............................... 41
15 Histogramm der Residuen für kleine und große
   Pekuliaritäten ................................................................ 43
16 Pekuliarität gegen $(B-V)/\sigma$-Residuen ............................ 43
17 Feinstruktur- gegen Pekuliaritätsparameter .................. 45
18 Vierter Cosinus-Koeffizient gegen Pekuliarität ............ 46
19 Lokale Dichte gegen $Mg/\sigma$-Residuen .......................... 49
20 Histogramm der Residuen für kleine und große
   lokale Dichten ............................................................... 50
21 Pekuliarität gegen lokale Dichte .................................... 53
22 Histogramm der lokalen Dichte für kleine und
   große Pekuliaritäten ...................................................... 53

23 Histogramm der Durchquerungszeit der Gruppe
für boxy und disky Isophoten .................................... 54
24 Pekuliarität gegen Anzahl der Gruppenmitglieder ....... 55
25 Lokale Dichte gegen Anzahl der Gruppenmitglieder ... 56
26 Diskiness und Boxiness gegen mittlere
Oberflächenhelligkeit .................................................. 57
27 Diskiness und Boxiness gegen Absoluthelligkeit ......... 59
28 Histogramm der Pekuliaritäten für kleine und
große Isophotentwists .................................................. 60

# Tabellenverzeichnis

1 Beobachtungsperioden .................................................. 25
2 Galaxienstruktur und Stellare Population ...................... 41
3 Ergebnisse der statistischen Tests I ............................... 42
4 Galaxienumgebung und Stellare Population ................. 47
5 Ergebnisse der statistischen Tests II .............................. 48
6 Galaxienstruktur und Galaxienumgebung ..................... 51
7 Ergebnisse der statistischen Tests III ............................. 52
8 Ergebnisse der statistischen Tests IV ............................. 58
9 Ergebnisse der statistischen Tests V .............................. 60
10 Die drei Parameterfamilien ........................................... 88

# 1 Einleitung

# 1 Einleitung

## 1.1 Struktur elliptischer Galaxien

Das radiale Helligkeitsprofil der meisten elliptischen Galaxien wird ausreichend gut durch ein $r^{1/4}$-Gesetz beschrieben (de Vaucouleurs 1948, 1953), das durch Angabe von Gesamthelligkeit und de Vaucouleurs-Radius vollständig charakterisiert ist (Bertola 1981; Kormendy 1982). Auch wenn es Abweichungen von dieser Gesetzmäßigkeit gibt (Kormendy 1977; Capaccioli 1988), hilft uns seine universelle Anwendbarkeit, den grundlegenden Prinzipien näher zu kommen, die bei der Entstehung elliptischer Sternsysteme von Bedeutung sind.

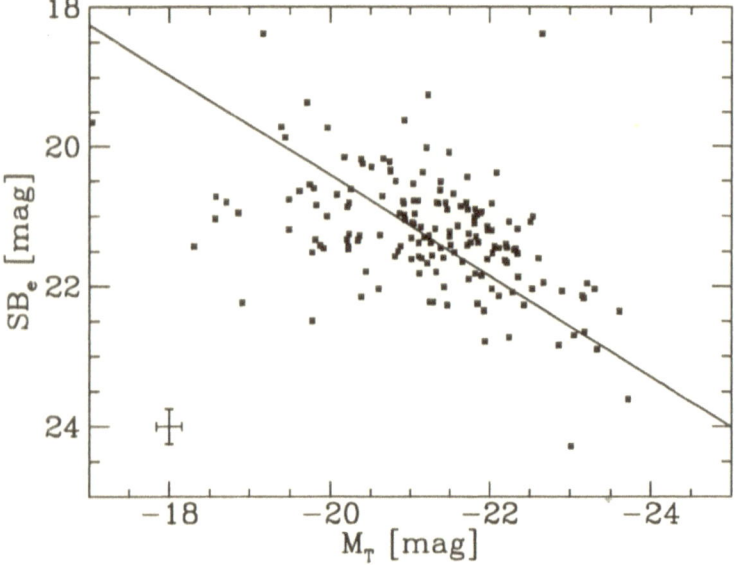

**Abbildung 1:** Absoluthelligkeit $M_T$ gegen mittlere Oberflächenhelligkeit $SB_e$. Die Daten und ihre 1σ-Fehler sind Faber *et al.* (1987) entnommen.

Des Weiteren nimmt die mittlere Oberflächenhelligkeit der Galaxien mit zunehmender Absoluthelligkeit ab, was dafür spricht, dass leuchtschwache Objekte stärker konzentriert sind als leuchtkräftige (Strom & Strom 1978, Schombert 1987). Diese leuchtkräftigen Galaxien erhalten ihr äußeres Erscheinungsbild aufgrund ihrer anisotropen Geschwindigkeitsdispersion (Bertola & Capaccioli 1975, Illingworth 1977), denn ihre Rotation ist zu langsam, um den Abplattungsgrad zu erklären. Nach Binney (1982) impliziert diese Anisotropie möglicherweise eine Triaxialität dieser hellen Objekte, was auch durch das Vorhandensein von Isophotendrehungen unterstützt wird (siehe auch Abschnitt 2.4.4, *Der Isophotentwist*). Natürlich kann dieser Twist auch durch Wechselwirkungen zwischen Galaxien verursacht worden sein (z.B. Kormendy 1982). Diese Schlussfolgerung ist also nicht eindeutig.

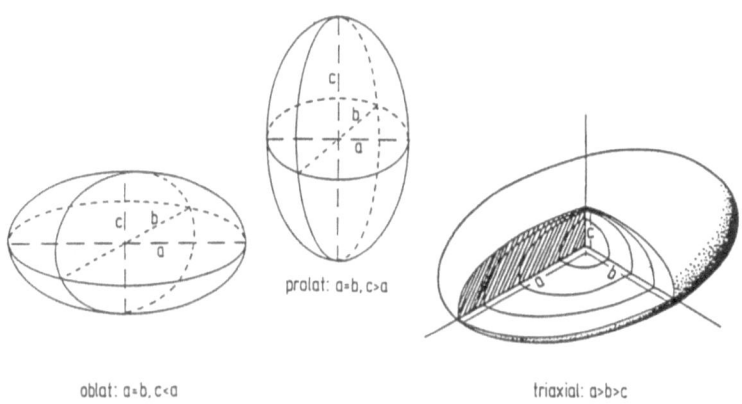

**Abbildung 2**: Formen von Ellipsoiden (aus Bender & Möllenhoff 1987).

Überschreiten wir eine Grenze, die bei einer Absoluthelligkeit $M_T$ von circa -20,5 mag liegt ($H_0$ = *50 km/s/Mpc*), so gelangen wir in den Bereich der leuchtschwachen Galaxien, die allein durch Rotation abgeplattet sind und Eigenschaften aufweisen, wie sie Binneys Modell (1978) eines oblaten, isotropen Rotators zeigt (Davies *et al.* 1983).

Heute ist allgemein bekannt, dass die Isophoten elliptischer Galaxien sehr häufig signifikant von reinen elliptischen Formen abweichen. Doch bereits im Jahre 1951 argwöhnte Evans, dass die auf verschiedenen Fotoplatten festgehaltenen Irregularitäten nicht allein auf Messfehler zurückzuführen seien, sondern vielmehr auch in der Realität ihre Entsprechung fänden.

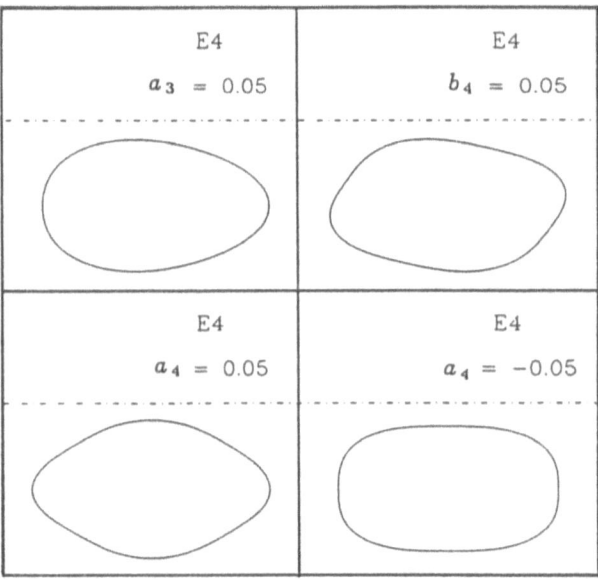

**Abbildung 3**: Isophoten-Modelle mit normierten Koeffizienten (nach Peletier 1989).

Wilson (1975) erkannte, dass man diese Abweichungen mithilfe einer Fourieranalyse angemessen beschreiben kann. So weisen deutlich erhöhte Sinus-Koeffizienten der Raumfrequenzen > 2 und die ungeraden Cosinus-Koeffizienten auf nichtachsensymmetrische Störungen hin. Die geraden Cosinus-Koeffizienten beschreiben Deformierungen, die zur kleinen und zur großen Halbachse symmetrisch sind.

Es ist der vierte Cosinus-Koeffizient $a_4$, dem hierbei eine ganz besondere Bedeutung zukommt (Bender *et al.* 1988, 1989). Normiert man ihn auf die Länge der großen Halbachse $a$, so erhält man einen von den klassischen morphologischen Parametern de Vaucouleurs-Radius, Absoluthelligkeit und Elliptizität unabhängigen Parameter. Positive $a_4/a$-Werte beschreiben rautenförmige, auch *disky* genannte Isophoten, negative $a_4/a$-Werte ovale, *boxy* Isophoten. Zur Veranschaulichung schließen sich Darstellungen der Konturen an von

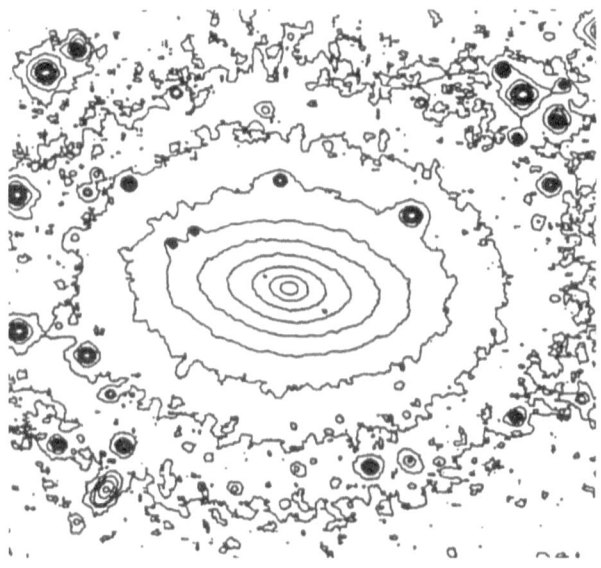

**Abbildung 4**: Die disky Isophoten von NGC 2271. Norden ist oben, Osten links.

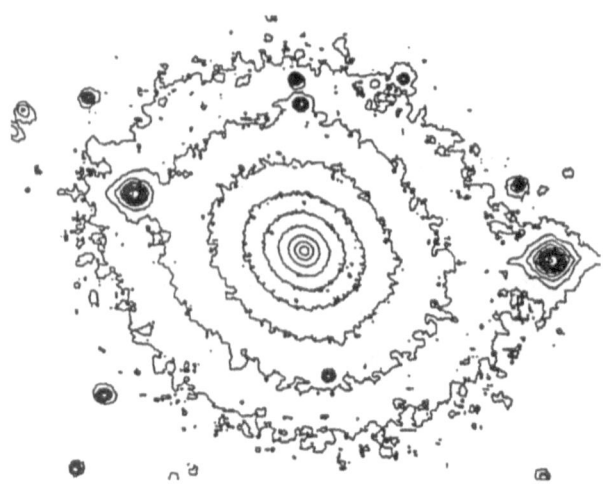

**Abbildung 5**: Die boxy Isophoten von NGC 3087. Norden ist oben, Osten links.

NGC 2271, einem Sternensystem, das sich durch die Diskiness seiner Isophoten auszeichnet ($a_4/a \approx 1.3\%$), und von NGC 3087, dessen Isophoten boxförmig sind ($a_4/a \approx -1.0\%$).

Mit großer Wahrscheinlichkeit wird das rautenförmige Erscheinungsbild der Isophoten von Galaxien mit positivem $a_4/a$ durch das Vorhandensein stellarer Scheiben verursacht. So liegt also der Schluss nahe, dass wir eine kontinuierliche Sequenz hin zu den S0-Galaxien vor uns sehen. Unterstützung findet diese Interpretation durch detaillierte Untersuchungen einiger dieser Objekte (z.B. Scorza 1993).

Für elliptische Galaxien mit ovalen Isophoten ($a_4/a < 0$) bietet sich keine solch nahe liegende Erklärung an. Aber es verdichten sich Argumente, die darauf hindeuten, dass in der Entwicklung von Sternensystemen dieser Art Verschmelzungs- und Akkretionsprozesse eine wichtige Rolle spielen (Nieto 1988; Bender 1990). Für beide Gruppierungen gilt, dass mit wachsendem Betrag von $a_4/a$ ein deutlicher Trend hin zu höheren Elliptizitäten $\varepsilon = 1 - b/a$ festzustellen ist. Bender *et al.* (1989) diskutierten dieses als *v-shape* bezeichnete Phänomen; es wird durch folgendes Schaubild dargestellt.

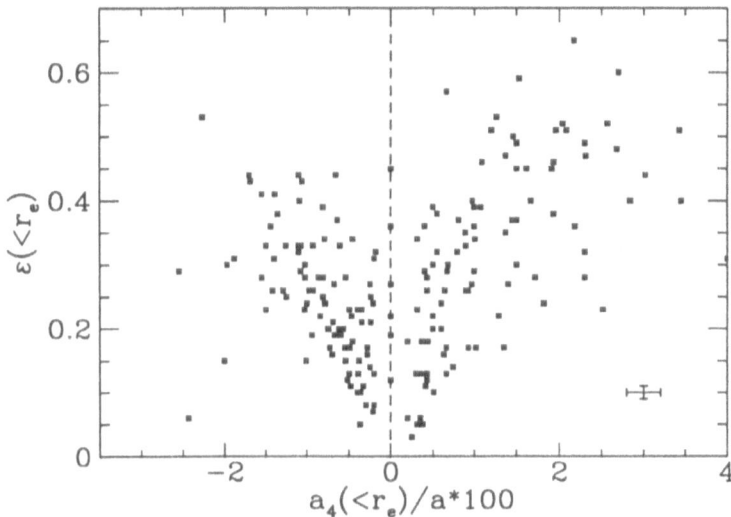

**Abbildung 6**: Der vierte Cosinus-Koeffizient gegen die Elliptizität. Beide Parameter beziehen sich auf den inneren Bereich der Galaxien. $a_4$ kann mit einer Genauigkeit von ± 0.2 angegeben werden, Fehler in $\varepsilon$ sind vernachlässigbar.

## 1.2 Stellare Population

Schon 1973 entdeckte Faber ein Ansteigen der Linienstärke zum Beispiel von $Mg_2$ mit der Absoluthelligkeit $M_T$ elliptischer Galaxien. Die Residuen dieser $Mg_2/M_T$-Relation korrelierten mit denen der $\sigma_0/M_T$-Beziehung (Terlevich *et al.* 1981). Heute wissen wir, dass ein direkter Vergleich von $Mg_2$ mit $\sigma_0$, der zentralen Geschwindigkeitsdispersion der Galaxie, eine wesentlich engere Relation liefert. Dies ist Studien zu verdanken, wie sie von den so genannten 7 Samurai (Faber *et al.* 1987) durchgeführt wurden. Beeindruckend ist, dass die Gesamtheit der in dieser Stichprobe enthaltenen Galaxien nur eine mittlere Streuung in $Mg_2$ von 0,025 mag aufweist, und dies über einen Bereich von 0,35 mag (Dressler *et al.* 1987; Burstein *et al.* 1988). Hierbei korrelieren die Residuen dieser $Mg/\sigma$-Relation nicht mit strukturellen Eigenschaften wie Geschwindigkeitsanisotropie, Effektivradius, Oberflächenhelligkeit und Masse (Bender *et al.* 1993). $Mg_2$ und $\sigma_0$ werden aus Spektren der innersten 2 bis 3 Bogensekunden einer Galaxie bestimmt.

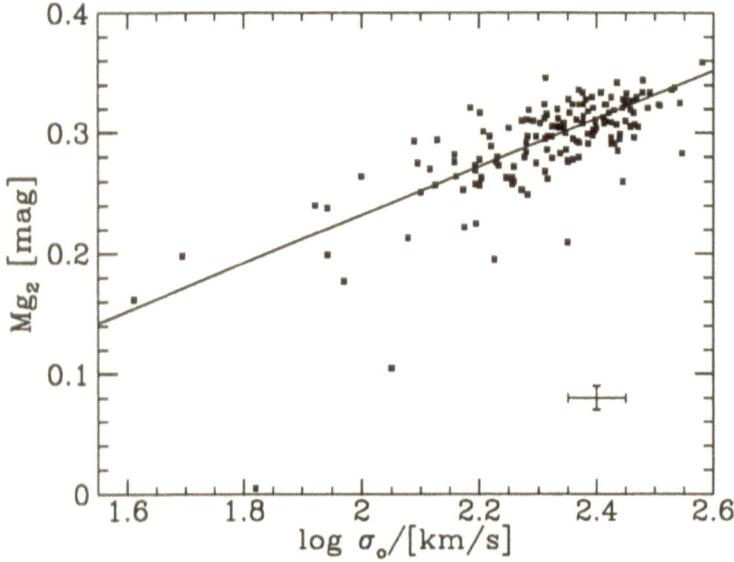

**Abbildung 7**: $Mg_2$ gegen zentrale Geschwindigkeitsdispersion $\sigma_0$. Die Daten und ihre $1\sigma$-Fehler sind Faber *et al.* (1987) entnommen.

Nach Burstein *et al.* (1988) sind $Mg_2$ und die Farbdifferenz $(B-V)_0$ im Wesentlichen eins zu eins korreliert. Bei der Ermittlung von $(B-V)_0$ findet eine 67" große Apertur Verwendung. Man geht also von einer zentralen Region auf einen sehr viel größeren Bereich der Galaxie über und erweitert das Wissen um deren stellare Population beträchtlich.

## 1.3 Umgebungseffekte

Wie Bender *et al.* (1993) so hatten auch Faber *et al.* (1987) und Burstein, Faber & Dressler (1990) vergeblich nach einer Verbindung zwischen $Mg_2$ - Streuung und strukturellen Parametern gesucht. Schweizer *et al.* wiesen 1990 für eine Stichprobe von 36 elliptischen Galaxien nach, dass ein von ihnen eingeführter *Feinstruktur-Parameter* $\Sigma$ mit verschiedenen Linienstärken-Residuen wie $\Delta H\beta$, $\Delta CN$ und $\Delta Mg_2$ korreliert ist.

In diesen Parameter gehen verschiedene Abweichungen von reinen elliptischen Isophoten ein: Shells, Boxiness, Jets und „X"-förmige Struktur. Er ist folgendermaßen definiert:

$$\Sigma = S + \log(1+n) + J + B + X.$$

Hierbei variiert $S$ zwischen 0 und 3 und entspricht einer visuellen Schätzung der Stärke von eventuell vorhandenen Shells; $n$ steht für die Anzahl dieser Shells (0 bis 17); $J$ ist die Anzahl von Jets oder vergleichbaren Strukturen; $B$ entspricht einer visuellen Schätzung der maximalen Boxiness der Isophoten (0 bis 3); und $X$ schließlich steht für das Vorhandensein oder die Abwesenheit einer „X"-förmigen Struktur der Galaxie und kann die Werte 0 oder 1 annehmen. Die auf diese Weise von Schweizer erhaltenen $\Sigma$-Werte reichen von 0 bis 7,6, wobei höhere Beträge auf in jüngerer Zeit stattgefundene oder folgenschwerere Merging-Ereignisse hindeuten sollen.

Möglicherweise stellt aber dieser Index nicht die bestmögliche Kombination der Parameter dar. So stellte Quinn (1991) fest, dass die unterschiedlichen Ingredienzen nicht notwendigerweise mit gleicher Stärke beitragen oder sogar verschiedenes Vorzeichen besitzen; weiterhin sind einige zeitabhängig und andere nicht. Die Anzahl der Shells könne etwa mit der Zeit zunehmen, die der Jets dagegen sich möglicherweise verringern. Darüber hinaus vermindert leider die Subjektivität, mit der die Komponenten $S$ und $B$ ermittelt werden, die Reproduzierbarkeit von $\Sigma$. Nichtsdestotrotz würde man genau die von Schweizer *et al.* gefundenen Ergebnisse nach einem gasreichen Verschmelzungsprozess erwarten: schwache Metalllinien, starke Balmerlinien und größere morphologische Pekuliaritäten. Auch Gregg (1992) stellt fest, dass sich die von Schweizer *et al.* untersuchten Galaxien mit hoher Feinstruktur wahrscheinlich durch eine vermehrte Anzahl jüngerer Sterne auszeichnen.

## 1.4 Motivation

Es ist das Anliegen dieser Arbeit, auf Basis einer größeren Stichprobe von Galaxien - insgesamt sind es 223 Objekte -

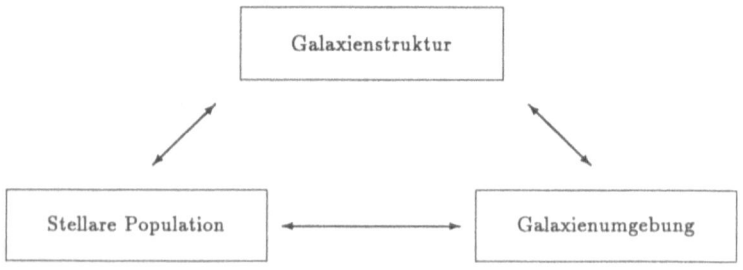

nach Korrelationen zwischen Galaxienstruktur, stellarer Population und Galaxienumgebung zu suchen.

Um dieses Ziel zu erreichen, müssen strukturelle Parameter ermittelt werden, die eine vorliegende Galaxie angemessen repräsentieren. Insbesondere gilt es, die morphologische Gestörtheit einer Galaxie auf objektive und reproduzierbare Weise zu erfassen.

# 2 Daten

# 2 Daten

Im vorliegenden Fall lässt sich die Reduktion der fotometrischen Daten in eine Standard- und eine Hauptreduktion untergliedern. Hierbei werden die für CCD-Beobachtungen typischen Verfahrensschritte im Abschnitt *Standardreduktion* zusammengefasst, wohingegen die Hauptreduktion in die Sektionen *Isophotenanalyse* und *Ermittlung repräsentativer Parameter* aufgeteilt ist. Hier wird das Datenmaterial für die anschließenden Analysen aufbereitet.

Mithilfe des an der Landessternwarte installierten Micro-VAX-Computersystems wurden die vorliegenden CCD-Daten ausgewertet. Auf der Softwareseite fanden von R. Bender entwickelte Programme Anwendung und das Programmpaket MIDAS (*Munich Image Data Analysis System*) der ESO (*European Southern Observatory*). Ergänzend wurden eigene Routinen eingesetzt.

## 2.1 Datenmaterial

Die fotometrische Datenbasis für die vorliegende Arbeit wurde im Laufe verschiedener Beobachtungsperioden geschaffen. Verwendung fand das 1.23 m Teleskop des Deutsch-Spanischen Astronomischen Zentrums (DSAZ) auf dem Calar Alto (Spanien). Wie man der folgenden Tabelle entnehmen kann, wurden in den Jahren 1985 bis 1988 von verschiedenen Beobachtern Daten gesammelt.

Des Weiteren sammelten R. Bender, J. Prieur und M. Giovalisco zwischen Dezember 1988 und April 1992 fotometrisches Datenmaterial im Rahmen des ESO-Key-Programms *Towards a physical classification of early-type galaxies*.

| Beobachtungszeitraum | Beobachter |
|---|---|
| Juni 1985 | R. Bender, C. Möllenhoff |
| Januar 1986 | R. Bender, C. Möllenhoff |
| Juni 1987 | R. Bender, S. Döbereiner, R. Madejsky |
| August 1987 | W. Seifert, R. Madejsky |
| Februar 1988 | P. Surma, R. Madejsky |

**Tabelle 1**: Beobachtungsperioden. Calar Alto, Spanien.

Für einen großen Bruchteil des gesamten Materials war dankenswerter Weise bereits von den beobachtenden Personen die im nächsten Abschnitt beschriebene *Standardreduktion* durchgeführt worden. Für gut die Hälfte der Galaxien lagen auch schon die Ergebnisse der *Isophotenanalyse* vor.

Die vorliegende Stichprobe von 223 Galaxien ist zwar nicht vollständig bis zu einer Grenzgröße von 13,5 mag, aber doch nahezu vollständig bis 12,5 mag. Bildet man die Schnittmenge der elliptischen Galaxien aus dem *Nearby Galaxies Catalog* (Tully 1988) mit der großen Anzahl von Objekten, die der Studie der 7 Samurai (Faber *et al.* 1987) entstammen, und vergleicht diese mit der Stichprobe dieser Arbeit, so finden sich mehr als 80 Prozent der Galaxien aus der Schnittmenge auch in dieser Arbeit. Ferner ist diese Stichprobe frei von Auswahleffekten bezüglich Umgebungsdichte und Wechselwirkungshinweisen.

## 2.2 Standardreduktion

Im Zuge der Standardreduktion wurde der Verstärker-Offset des A/D-Wandlers (*bias*) als konstanter Wert von jeder einzelnen Aufnahme subtrahiert. Aufgrund der kurzen Belichtungszeiten war eine Dunkelstromkorrektur nicht notwendig. Da jedoch die einzelnen Pixel eines CCD-Chips mit unterschiedlicher Empfindlichkeit reagieren, fertigt man Aufnahmen des hellen Dämmerungshimmels (*sky flat*) an, die sich durch ein hohes Signal/Rausch-Verhältnis auszeichnen. Für jedes Filter stellt man nun aus mindestens fünf Aufnahmen ein mediangemitteltes Flatfield her, durch welches die Objektaufnahme pixelweise dividiert wird.

Um extreme Signalerhöhungen einzelner Pixel zu beseitigen, wie sie zum Beispiel durch hoch energetische Teilchenstrahlung (*cosmics*) verursacht werden, und um die Aufnahmen in Außenbereichen zu glätten, behandelt man die Objektaufnahmen mit einem intensitätsabhängigen, quadratischen Medianfilter. Da die Größe des Medianfilters vom lokalen Signal/Rausch-Verhältnis abhängt, bezieht man so in den Randzonen der Galaxie Informationen mit ein, die in benachbarten Pixeln enthalten sind.

Die Helligkeit des Himmelshintergrundes hat einen zusätzlichen Intensitäts-Offset der Aufnahme zur Folge. Der Betrag dieser Erhöhung wird in einem sternenfreien Feld der Objektaufnahme bestimmt und als Konstante von dieser subtrahiert.

## 2.3 Isophotenanalyse

In einem ersten Schritt werden eventuell vorhandene Vordergrundsterne durch Maskieren entfernt. Diese Bereiche werden unter Annahme von Punktsymmetrie durch entsprechende Zonen jenseits des Galaxienzentrums ersetzt. Nun fittet man nach der Methode der kleinsten Quadrate Ellipsen an die Isophoten der Galaxie. Für jede dieser Isophoten werden fünf Parameter bestimmt. Dies sind die Länge der großen Halbachse $a$ und der kleinen $b$, der Winkel $PA$ zwischen großer Halbachse und Nord-Süd-Richtung, sowie die Zentrumskoordinaten $H_0$ und $V_0$. Der zweite Schritt besteht aus einer Fourieranalyse, mit deren Hilfe man die Abweichungen der Isophoten von den eingepassten Ellipsen auf systematische Anteile untersucht. Aus der dabei anfallenden großen Menge von Fourierkoeffizienten sind sowohl die Sinus- als auch die Cosinus-Koeffizienten der Raumfrequenzen 3, 4 und 5 für die hier vorliegende Untersuchung von besonderer Bedeutung. In einem letzten Schritt gewinnt man den de Vaucouleurs-Radius $r_e$ (auch Halblicht- oder Effektivradius genannt) durch iteratives Fitting eines $r^{1/4}$-Modells an das radiale Helligkeitsprofil der vorliegenden Galaxie. Die Helligkeitsverteilung des de Vaucouleurs-Modells wird durch

$$\log\left(\frac{I(r)}{I_e}\right) = -3.33 \cdot \left[\left(\frac{r}{r_e}\right)^{1/4} - 1\right]$$

beschrieben. Hierbei interpretiert man die Skalenlänge $r_e$ als ein Maß für die Ausdehnung der Galaxie.

Zur Überprüfung der Qualität der so erhaltenen Effektivradien $r_e$, bietet sich ein Vergleich mit den entsprechenden Werten der Veröffentlichung von Faber *et al.* (1989) an. Datenpunkte, die sich relativ weit vom idealen 1/1-Verhältnis entfernten, wurden einzeln überprüft. Nur in ausgesprochen wenigen Fällen mussten die nach obigem Verfahren erhaltenen Werte durch entsprechende aus der Literatur ersetzt werden. Dies war insbesondere bei sehr großen Objekten notwendig, die über das CCD-Feld hinausragten. Berechnet man nach der Methode der kleinsten Quadrate eine Regressionsgerade, so ergibt sich um diese eine Streuung von etwa 35 Prozent ($1\sigma$-Abweichung), wenn man davon ausgeht, dass der Fehler vollständig einer der beiden Messreihen zuzuordnen ist, oder entsprechend circa 25 Prozent, falls der Fehler auf beide Messreihen gleich verteilt ist. Dies sind Fehler, wie sie typischerweise bei der Bestimmung von Effektivradien auftreten.

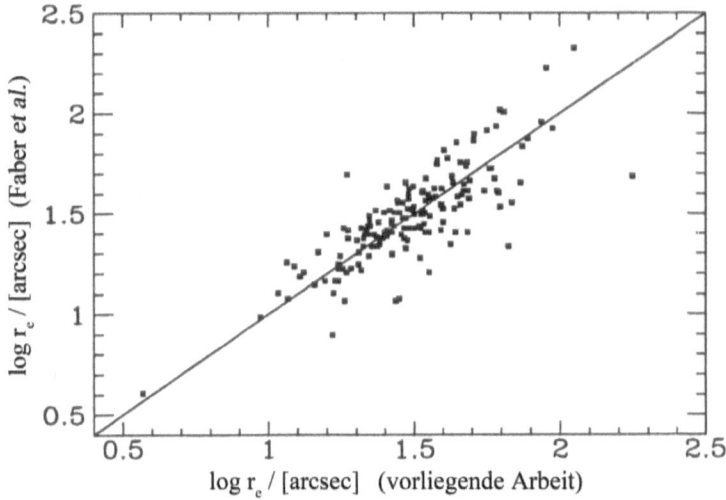

**Abbildung 8**: Vergleich der Effektivradien der vorliegenden Arbeit mit den von Faber *et al.* (1989) ermittelten. Typische relative 1σ-Fehler betragen 25 Prozent.

## 2.4 Ermittlung repräsentativer Parameter

Schon bei der Sichtung des sehr umfangreichen Datenmaterials fiel ins Auge, dass nur jeweils ein Parameter nicht ausreichen würde, das Verhalten einer Galaxie über den gesamten Radiusbereich zu erfassen. Diesbezügliche Tests geben, wie man in den nachfolgenden Abschnitten noch sehen wird, dieser anfänglichen Vermutung Recht. Der bei der Isophotenanalyse bestimmte Effektivradius bietet sich als Maßstab für eine entsprechende Einteilung an. Es kristallisierte sich heraus, dass Bereiche von 0.1 $r_e$ bis $r_e$, sowie von $r_e$ bis 2 $r_e$ die Erwartungen insoweit befriedigen, als die innere Zone die eigentlichen und ungestörten Merkmale der Galaxie erfasst, wohingegen die äußere mehr den Einfluss der Umgebung widerspiegelt. Darüber hinaus wurden für den vierten Cosinus-Koeffizienten und für die Elliptizität Werte an $r_e$ bestimmt.

Die Verfahren zur Erlangung eines für die jeweiligen Bereiche repräsentativen Parameters unterscheiden sich von Fall zu Fall und wurden solange variiert, bis der Algorithmus Ergebnisse lieferte, die sich kaum mehr von denen eines geübten Klassifizierenden unterschieden, der jedes einzelne Objekt in Augenschein nimmt. Eine umfassende Übersicht aller Parameter, die durch die im weiteren Verlauf dieses Kapitels beschriebenen Methoden gewonnen wurden, befindet sich in *Anhang A* dieser Arbeit.

## 2.4.1 Der vierte Cosinus-Koeffizient

Wie bereits angesprochen, werden alle Fourierkoeffizienten auf die Länge der großen Halbachse der jeweiligen elliptischen Galaxie bezogen. Der vierte Cosinus-Koeffizient wird entsprechend mit $a_4/a$ oder auch ganz kurz nur mit $a_4$ bezeichnet, wobei aber immer der auf die große Halbachse normierte Wert gemeint ist. Innerhalb und außerhalb des Halblichtradius wird ein guter Wert für $a_4$ mithilfe eines gleitenden Durchschnitts bestimmt. Hierbei wird über jeweils drei benachbarte Werte gemittelt. Dies geschieht schrittweise von Datenpunkt zu Datenpunkt. Der betragsmäßig höchste Punkt dieser geglätteten Kurve stellt den gesuchten Repräsentanten dar. Zur Verdeutlichung ist hier ein vergrößerter Ausschnitt der entsprechenden Grafik von NGC 1404 dargestellt (Abbildung 9).

## 30  Daten

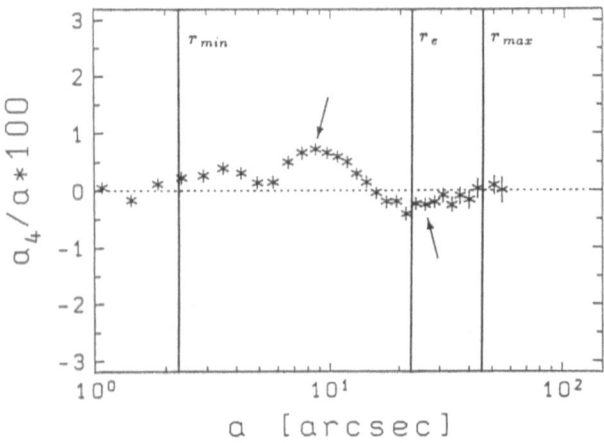

**Abbildung 9**: Ermittlung repräsentativer Werte für $a_4$ ($< r_e$) und $a_4$ ($> r_e$).

Der mittlere der drei Punkte, die in den Bereichen von 0.1 $r_e$ bis $r_e$ und von $r_e$ bis 2 $r_e$ zu den Werten für $a_4$ ($< r_e$) = 0.66 % bzw. $a_4$ ($> r_e$) = -0.26 % führen, ist markiert. Der Fehler $\Delta$, mit dem die einzelnen $a_4 / a$-Werte behaftet sind, entspricht der mittleren Amplitude der $a_i / a$ und $b_i / a$ der Raumfrequenzen i > 9.

Nur in einigen Ausnahmefällen ist es notwendig, eine Korrektur des so gewonnenen Ergebnisses vorzunehmen. Sinkt zum Beispiel die Qualität der zugrunde liegenden Aufnahme und damit auch das Signal/Rausch-Verhältnis, kann es geschehen, dass zwei der drei gemittelten Werte von überhöhtem Betrag sind und somit das Resultat verfälschen. Durch eine kurze Kontrolle der Plots entsprechender Aufnahmen lässt sich dies jedoch leicht ausschließen. Weiterhin wird an $r_e$ ein Wert für $a_4 / a$ durch Mittelung über vier Datenpunkte, je zwei links und rechts des Effektivradius, bestimmt. Dass eine Unterteilung des gesamten Radiusbereichs notwendig ist, kann man Abbildung

10 entnehmen. Es sind die auf die beschriebene Art und Weise erhaltenen $a_4/a$-Koeffizienten gegeneinander aufgetragen. Neben einer sehr großen Streuung fällt auf, dass in einigen Fällen sogar das Vorzeichen wechselt, also ein und dieselbe Galaxie in verschiedenen Bereichen Isophoten aufweisen kann, die boxy bzw. disky sind. Nieto und Bender (1989) legen nahe, dass elliptische Galaxien mit schwachen stellaren Scheiben einen boxförmigen Sphäroiden besitzen können, was zu disky Isophoten im Innenbereich der Galaxie und zu boxy Isophoten in den Randzonen führt. Diese Objekte sind also mit den reinen disky E's unmittelbar verwandt.

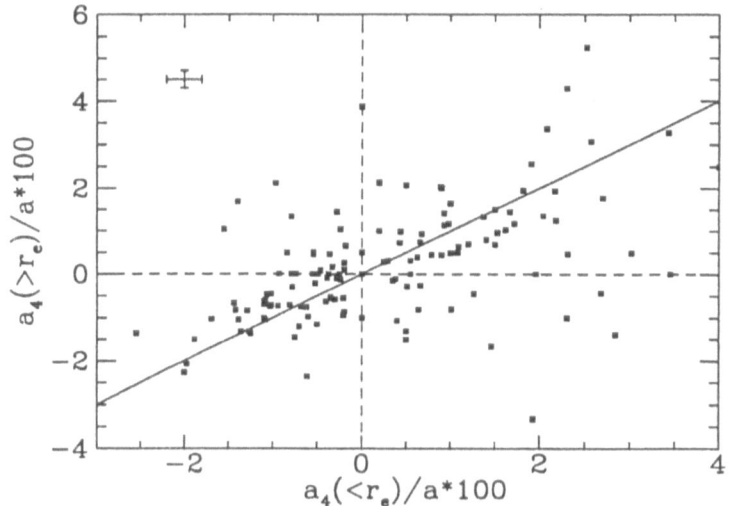

**Abbildung 10**: $a_4 (< r_e)$ gegen $a_4 (> r_e)$. 1σ-Fehler sind angezeigt.

Die Gruppe von Galaxien, für die der umgekehrte Fall zutrifft, also ein Wechsel von negativem zu positivem $a_4$, ist weniger homogen. So könnte die äußere Diskiness zum Teil auf Gezeitenstörung zurückzuführen sein (zum Bsp. NGC 2300, E 5070250), die innere Boxiness andererseits ist möglicherweise durch schwache Staubabsorption verursacht (NGC 1199).

### 2.4.2 Der Pekuliaritätsparameter

Um die etwaige Gestörtheit der Gestalt einer elliptischen Galaxie auf objektive und reproduzierbare Art und Weise erfassen zu können, wird an dieser Stelle ein Pekuliaritätsparameter $p$ eingeführt. Dieser Parameter wird durch die nachfolgende Formel bestimmt.

$$p = \sqrt{\frac{\sum \frac{a_3^2 + b_3^2 + a_5^2 + b_5^2}{\Delta^2}}{\sum \frac{1}{\Delta^2}}}$$

Dies geschieht wie bei allen vorliegenden Parametern auf gleiche Weise für die Datenmenge innerhalb und jenseits des de Vaucouleurs-Radius. Hierbei stehen $a_3^2$ und $a_5^2$ für die Quadrate der Cosinus-Koeffizienten dritter bzw. fünfter Raumfrequenz; wie üblich bezogen auf die große Halbachse. Entsprechendes gilt für die mit $b_3$ und $b_5$ bezeichneten Sinus-Koeffizienten. Starke Amplituden in diesen vier Koeffizienten führen zu „ei"-förmigen Isophoten (vergleiche Abbildung 3), die auf eine nicht vollständig relaxierte Sternverteilung oder auf Staubabsorption hinweisen. $\Delta$ ist der Fehler, mit dem alle Fourierkoeffizienten gleichermaßen behaftet sind (siehe Abschnitt 2.4.1).

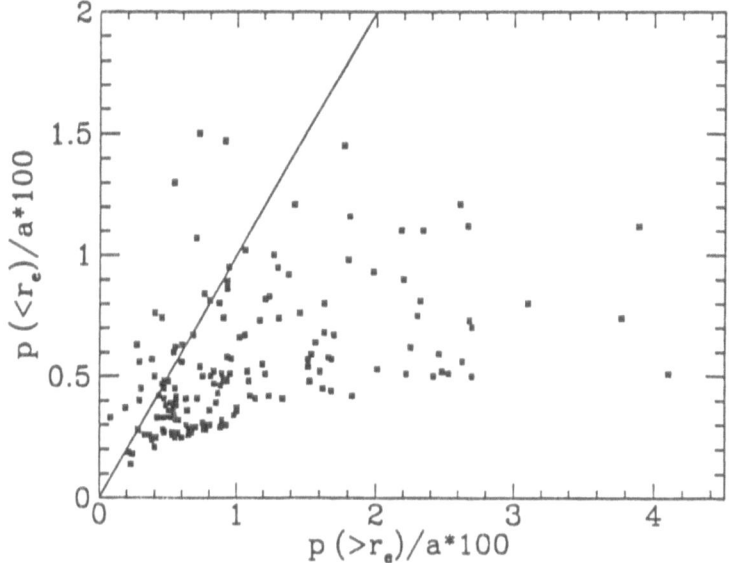

**Abbildung 11**: $p$ (> $r_e$) gegen $p$ (< $r_e$). 1σ-Fehler sind angezeigt.

Trägt man die auf diese Weise bestimmten Pekuliaritäten $p$ (< $r_e$) und $p$ (> $r_e$) gegeneinander auf, so erkennt man einen deutlichen Trend (Abbildung 11). Je gestörter sich die Morphologie eines Objektes innerhalb des Effektivradius darstellt, desto deutlicher wird diese Pekuliarität in den äußeren Bereichen der Galaxie. Wieder ist es also sinnvoll, Zonen kleiner Radien von solchen großer Radien zu trennen.

### 2.4.3 Die Elliptizität

Die Elliptizitätsparameter $\varepsilon$ (< $r_e$), $\varepsilon$ (> $r_e$) und $\varepsilon$ ($r_e$) werden auf analoge Weise erhalten, wie die Parameter des vierten Cosinus-Koeffizienten.

## 2.4.4 Der Isophotentwist

Der Isophotentwist $\Delta PA$ beschreibt die Veränderung des Positionswinkels zwischen großer Halbachse der Galaxie und Nord-Süd-Richtung. Es wird in den vorgegebenen Radiusbereichen ein minimaler und ein maximaler Wert für den Winkel $PA$ gesucht und die Differenz gebildet.

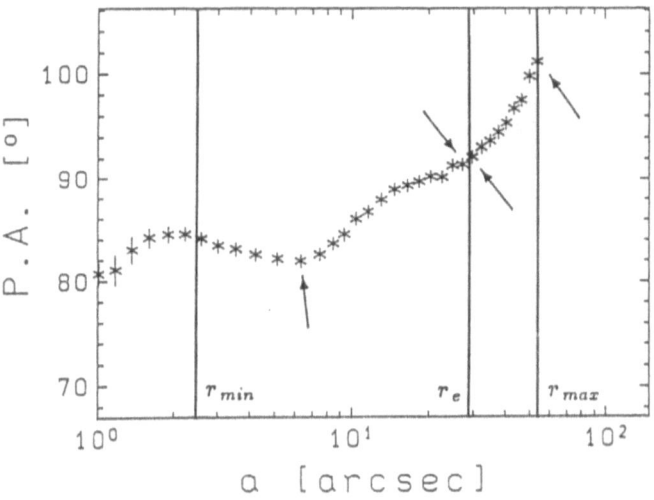

**Abbildung 12**: Ermittlung repräsentativer Werte für $\Delta PA(< r_e)$ und $\Delta PA(> r_e)$.

Eventuell durch Nachführfehler bedingte Winkeländerungen in den innersten Bogensekunden wurden durch visuelle Kontrolle der entsprechenden Plots ausgeschlossen. Abbildung 12, die Vergrößerung der Originalgrafik von NGC 1537, veranschaulicht das Verfahren. Man erhält einen Twist von $\Delta PA(< r_e)$ = 9,45 Grad bzw. $\Delta PA(> r_e)$ = 9,02 Grad.

## 2.4.5 Fehlerabschätzung

Die Fourierkoeffizienten der Raumfrequenzen 3, 4 und 5 sind mit einem Fehler $\Delta$ behaftet, der aus der mittleren Amplitude der $a_i/a$ und $b_i/a$ der Raumfrequenzen i > 9 bestimmt wurde. Hierbei liegt die Annahme zugrunde, dass diese Amplituden allein durch Rauschen und nicht durch systematische Abweichungen der Isophoten von Ellipsen verursacht werden.

Neben $\Delta$ muss noch ein Beobachtungsfehler berücksichtigt werden. Da für eine sehr große Anzahl der Galaxien mehrere CCD-Aufnahmen vorliegen, die mit verschiedenen Farbfiltern gewonnen wurden, kann der Beobachtungsfehler aus der Streuung der $a_4$ - und $p$ -Werte um den für alle Farben bestimmten Mittelwert abgeschätzt werden. Durch Kombination von $\Delta$ und Beobachtungsfehler ergibt sich ein mittlerer absoluter $1\sigma$ - Fehler von ± 0,2% für $a_4$ und ± 0,15% für $p$.

Im Übrigen wurden alle durch die automatische Klassifizierung erhaltenen Parameter auf Plausibilität überprüft.

# 3 Ergebnisse und Diskussion

# 3 Ergebnisse und Diskussion

Die drei Parameter-Familien *Galaxienstruktur*, *Stellare Population* und *Galaxienumgebung* wurden auf Korrelationen untersucht, die jeweils zwei Familien miteinander verbinden. Nicht für alle 223 Galaxien standen die jeweiligen Parameter auch zur Verfügung. Die genaue Anzahl der Galaxien können den Tabellen der entsprechenden Abschnitte dieser Arbeit entnommen werden.

Je zwei Parameter werden gegeneinander aufgetragen und durch einen senkrechten und einen waagerechten Schnitt in jeder der beiden Dimensionen in zwei etwa gleich große Gruppen unterteilt. So stellt man sicher, dass die Aussagekraft der erhaltenen Ergebnisse nicht durch wenige Extremwerte beeinträchtigt oder gar dominiert wird. Diese Stichproben werden mithilfe einiger bekannter statistischer Tests auf Gleichheit untersucht. Die Algorithmen sind dem Buch *Numerical Recipes (Fortran Version)* entnommen (Press *et al.* 1989).

Alle hier durchgeführten Tests basieren auf einer linearen Werteverteilung. Die Konsequenzen eines Übergangs auf logarithmische Skalierung wurden im Einzelfall geprüft. Jedoch konnte trotz einiger geringfügiger Variationen des Betrags der Wahrscheinlichkeit auf Gleichheit kein Einfluss auf die Signifikanz der gemachten Aussagen festgestellt werden.

So untersucht ein als F-Test bezeichnetes Verfahren die beiden Verteilungen auf verschiedene Varianzen. Ein erweiterter Student's-Test (TU-Test), der von unterschiedlichen Varianzen der beiden Verteilungen ausgeht, bestimmt und vergleicht die Mittel der Wertemengen. Die Resultate dieses Tests gehen für vergleichbare Varianzen in die des normalen Student's-Tests über. Die Ergebnisse des Kolmogorov-Smirnov-Tests (siehe auch Abbildung 13) liegen, verknüpft mit denen von TU- und

F-Test, als Bewertungsmaßstab für die Signifikanz der im Folgenden dis-kutierten Erkenntnisse zugrunde.

In kompakter Form finden sich diese Verteilungen auch in *Anhang B*, sowie eine große Anzahl weiterer Darstellungen, jeweils gefolgt von den Ergebnissen der statistischen Tests.

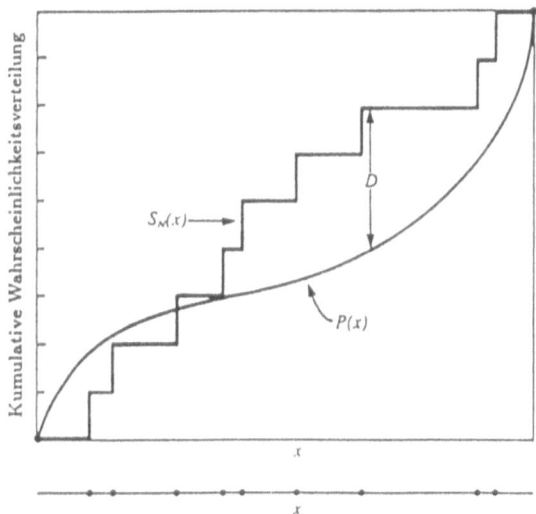

**Abbildung 13**: Der Kolmogorov-Smirnov-Test. Man konstruiert eine kumulative Wahrscheinlichkeitsverteilung $S_N(x)$. Durch Vergleich mit einer theoretischen Wertemenge, deren kumulative Wahrscheinlichkeitsverteilung durch $P(x)$ dargestellt ist, erhält man $D$ als größten Abstand zwischen den Verteilungen. Geht man von der theoretischen Verteilung auf eine zweite reale Wertemenge über, wie dies in der vorliegenden Arbeit der Fall ist, kann man auf diese Weise zwei Verteilungen auf signifikante Unterschiede prüfen (Press *et al.* 1989).

## 3.1 Galaxienstruktur gegen Stellare Population

Um Korrelationen mit den Parametern der stellaren Population nachzuweisen, zieht man am besten die Residuen der sehr engen Mg/σ-Relation heran oder die der (B-V)/σ-Beziehung. Die Zusammenhänge werden durch folgende Gleichungen beschrieben (Bender *et al.* 1993):

$$Mg_2 = 0.2 \log \sigma_0 - 0.168$$

und

$$(B\text{-}V)_0 = 0.224 \log \sigma_0 + 0.431.$$

Sowohl die Werte für $\sigma_0$, als auch die für $Mg_2$ und $(B\text{-}V)_0$ wurden Faber *et al.* (1989) entnommen. Für 157 der hier betrachteten 223 Galaxien lag $\sigma_0$ vor. Die zehn ermittelten Parameter der Galaxienstruktur (siehe Tabelle 2) wurden alle mit den Residuen der angesprochenen Relationen verglichen. Wie schon in der Einleitung erwähnt, werden negative Residuen üblicherweise als Hinweis auf jüngere Sterne verstanden, die durch Verschmelzungsprozesse erzeugt oder in die Galaxie gebracht wurden.

Elliptizität $\varepsilon$ und Isophotentwist $\Delta PA$ zeigen keinerlei Anzeichen eines Trends mit den betrachteten Residuen. Gleiches gilt für den auf die Länge der großen Halbachse normierten vierten Cosinus-Koeffizienten.

Das heißt, disky E's sind im Mittel weder jünger noch haben sie eine andere Metallizität als elliptische Galaxien mit boxy Isophoten. Sollten die boxy E's also aufgrund von Verschmelzungsprozessen entstanden sein, so ist dies zeitlich sicher nicht wesentlich nach der Entstehung der Galaxien mit disky Isophoten geschehen.

| Familie | Parameter | Einheit | Anzahl | Quelle |
|---|---|---|---|---|
| Galaxien- | $a_4(<r_e)$ | % | 214 | aus der |
| struktur | $a_4(r_e)$ | % | 194 | vorliegenden |
|  | $a_4(>r_e)$ | % | 154 | Arbeit |
|  | $p(<r_e)$ | % | 221 |  |
|  | $p(>r_e)$ | % | 166 |  |
|  | $\varepsilon(<r_e)$ |  | 223 |  |
|  | $\varepsilon(r_e)$ |  | 222 |  |
|  | $\varepsilon(>r_e)$ |  | 175 |  |
|  | $\Delta PA(<r_e)$ | Grad | 210 |  |
|  | $\Delta PA(>r_e)$ | Grad | 164 |  |
| Stellare | $Mg_2$ | mag | 157 | Faber *et al.* |
| Population | $(B-V)_0$ | mag | 164 | 1989 |

**Tabelle 2**: Galaxienstruktur und stellare Population. Angegeben ist die Anzahl der Galaxien, für die der jeweilige Parameter zur Verfügung steht, und die Quelle, aus der die Daten stammen.

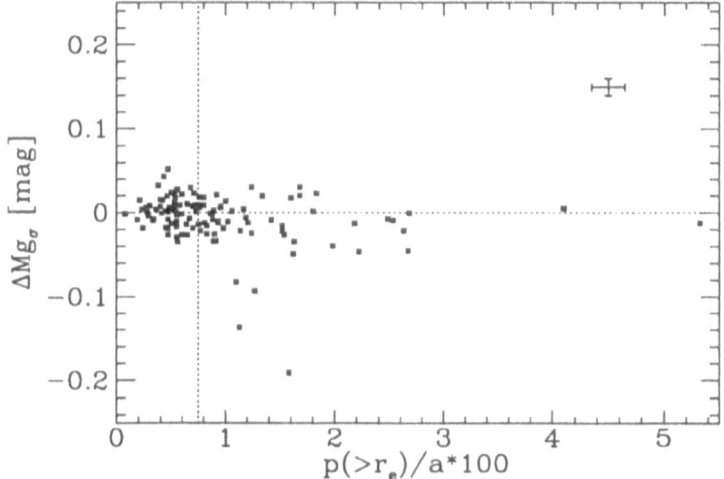

**Abbildung 14**: Pekuliarität $p(>r_e)$ gegen Residuen der Mg/σ-Relation $\Delta Mg_\sigma$. Es liegen die Daten von 116 Galaxien zugrunde. 1σ-Fehler sind angezeigt.

Der Pekuliaritätsparameter $p$ ($> r_e$), der als eine objektivierte Version von Schweizers $\Sigma$ betrachtet werden kann, korreliert sehr gut mit den Residuen der Mg/$\sigma$- und der (B-V)/$\sigma$-Relation, $\Delta Mg_\sigma$ bzw. $\Delta$(B-V)$_\sigma$. Für Galaxien, die auch im äußeren Bereich eine ungestörte Morphologie und also niedrige $p$ ($> r_e$) aufweisen, ist der Betrag von $\Delta Mg_\sigma$ sehr klein. So wie diese Objekte zu positiven Residuen tendieren, neigen Galaxien mit großen Pekuliaritäten deutlich zu negativen Abweichungen. Mit der Verlagerung des Mittelwertes (siehe Tabelle 3 und Abbildung 15) nimmt auch die Streuung in erheblichem Maße zu. Die für $\Delta Mg_\sigma$ gemachten Aussagen bezüglich $p$ ($> r_e$), können für $\Delta$(B-V)$_\sigma$ übernommen werden, wenn man berücksichtigt, dass die (B-V)/$\sigma$-Relation nicht ganz so eng ist (vergleiche Abbildung 16).

| Betrachtete Verteilung | Schnitt bei | KS-Test | | TU-Test | | F-Test | |
|---|---|---|---|---|---|---|---|
| | | d | prob | tu | prob | f | prob |
| $p (> r_e)$ / $\Delta Mg_\sigma$ | $p (> r_e) = 0.75$ | 0.32 | 0.00503 | 3.37 | 0.00116 | 4.59 | 0.00000 |
| | $\Delta Mg_\sigma = 0$ | 0.30 | 0.01003 | -2.27 | 0.02520 | 1.96 | 0.01364 |
| $p (> r_e)$ / $\Delta$(B-V)$_\sigma$ | $p (> r_e) = 0.75$ | 0.33 | 0.00431 | 3.49 | 0.00078 | 3.56 | 0.00000 |
| | $\Delta$(B-V)$_\sigma = 0$ | 0.20 | 0.18945 | -1.39 | 0.16731 | 1.22 | 0.44989 |

**Tabelle 3**: Die Ergebnisse der statistischen Tests im Überblick. Dieser Auszug der in *Anhang B* gelisteten Tabellen zeigt die Ergebnisse von Kolmogorov-Smirnov-Test, Student's-Test und F-Test, bezogen auf die betrachteten Relationen. *prob* steht für die Wahrscheinlichkeit auf Gleichheit der Verteilungen, der Mittelwerte bzw. der Varianzen. *d* entspricht dem größten Abstand zwischen den beiden kumulativen Wahrscheinlichkeitsverteilungen (siehe Abbildung 13). *tu* ist die Differenz der Mittelwerte, normiert auf die quadratisch gemittelte Varianz der beiden Verteilungen. *f* steht für das Verhältnis der größeren Varianz zur kleineren (Press *et al.* 1989).

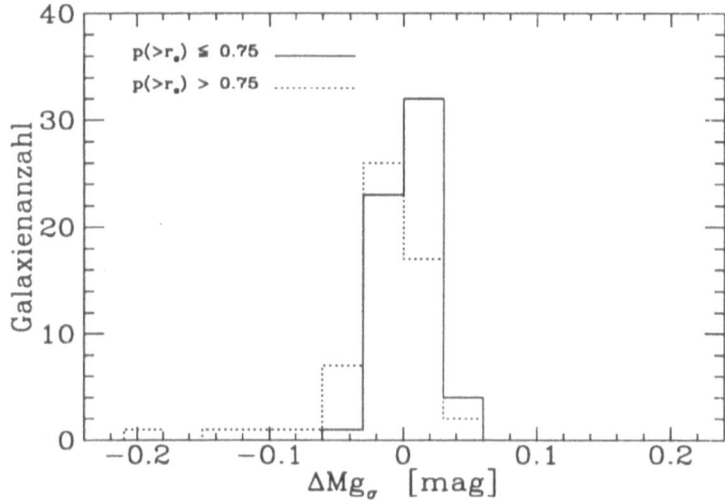

**Abbildung 15**: Histogramm der Residuen $\Delta Mg_\sigma$ für kleine und große Pekuliaritäten $p(>r_e)$.

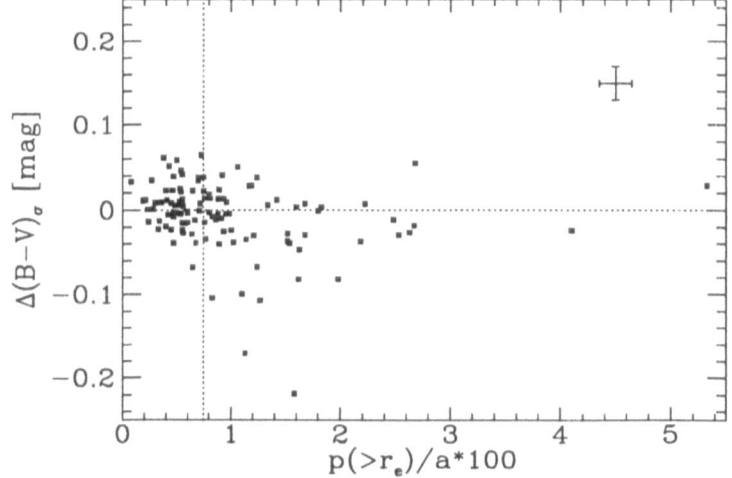

**Abbildung 16**: Pekuliarität $p(>r_e)$ gegen Residuen der (B-V)/σ-Relation. 1σ-Fehler sind angezeigt.

Die hier vorgestellten Ergebnisse implizieren, dass pekuliare Objekte entwicklungsgeschichtlich jünger sind und wahrscheinlich einen höheren Anteil A- bis F-Sterne besitzen. Diese Sterne könnten der Galaxie durch Verschmelzungs- und Akkretionsprozesse hinzugefügt worden sein.

Die Analysen von Schweizer *et al.* (1990) und von Gregg (1992) finden somit Bestätigung. Schweizer *et al.* wiesen für eine Stichprobe von 36 elliptischen Galaxien nach, dass ein von ihnen eingeführter *Feinstruktur-Parameter* $\Sigma$ mit verschiedenen Linienstärken-Residuen korreliert ist. Höhere Beträge von $\Sigma$ sollen dabei auf in jüngerer Zeit stattgefundene oder folgenschwerere Wechselwirkungen mit anderen Galaxien hindeuten. Um diese Interpretation zu prüfen, untersuchte Gregg 35 dieser 36 Galaxien und untermauerte die gemachte Vermutung, indem er mit wachsendem Feinstruktur-Parameter einen Trend hin zu blaueren Farben und höheren Flächenhelligkeiten feststellte.

Die gefundenen Effekte gewinnen im Übrigen dadurch an Aussagekraft, dass die dieser Arbeit zugrunde liegende Galaxienstichprobe nicht nur deutlich umfangreicher ist, sondern auch frei von Auswahleffekten bezüglich Umgebungsdichte und Wechselwirkungshinweisen. So enthält die $p\,(>r_e)\,/\Delta\text{Mg}_\sigma$-Relation die Daten von 116 Galaxien, von denen 81 im Wesentlichen ungestört sind ($p\,(>r_e) < 1\%$). Die von Schweizer *et al.* und Gregg betrachteten Galaxien entsprechen der Schnittmenge zweier Stichproben: zum einen handelt es sich um 74 Objekte (Schweizer & Seitzer 1988; Seitzer & Schweizer 1990), die wegen Hinweisen auf Feinstruktur ausgewählt wurden, zum anderen um die große Anzahl von über 400 Objekten, deren Spektren Faber *et al.* (1985, 1989) und Burstein *et al.* (1984) aufnahmen.

Für 24 der 36 von Schweizer *et al.* betrachteten Galaxien liegen Pekuliaritätswerte aus dieser Arbeit vor. Ein Vergleich von Schweizers $\Sigma$ mit $p\,(>r_e)$ (Abbildung 17) ergibt ein konsistentes Bild in Anbetracht der großen Fehlerbalken und der Tatsache, dass zum Teil Merkmale, wie zum Beispiel boxy Isophoten, in Σ eingehen, die auf $p\,(>r_e)$ nur wenig oder keinen Einfluss haben. Obwohl Schweizers Stichprobe keines der extrem pekuliaren Objekte ($p\,(>r_e) > 2\,\%$) enthält, so wird doch deutlich, dass ungestörte Galaxien von beiden Methoden als solche erkannt werden, wenn auch nicht mit hoher Genauigkeit. Dies gilt mit größeren Abweichungen auch für morphologisch pekuliare Ellipsen.

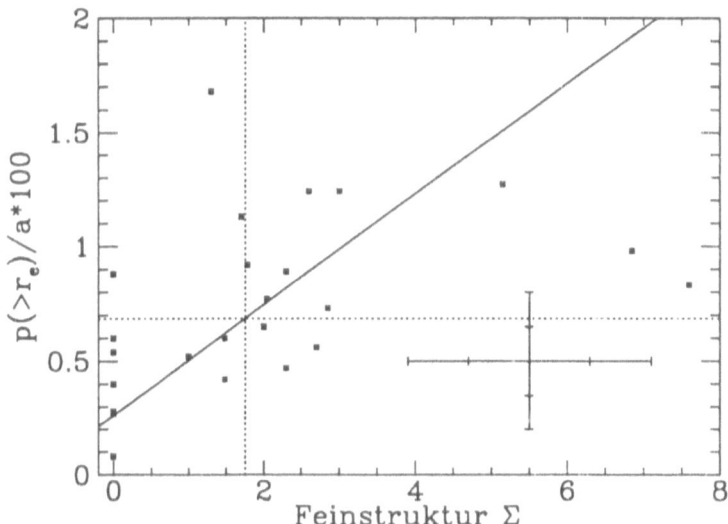

**Abbildung 17**: Feinstruktur-Parameter Σ gegen Pekuliarität $p\,(>r_e)$. Der Fehler von ± 0,8, den Schweizer *et al.* (1990) für Σ angeben, ist angesichts der Subjektivität, mit der dieser Index ermittelt wird, wohl deutlich unterschätzt.

Auf Basis der Tatsache, dass die Innenbereiche der Galaxien nach einem Verschmelzungs- oder Akkretionsprozess schneller relaxieren als Regionen außerhalb des Effektivradius, sollte man mit ansteigender Pekuliarität $p$ ($> r_e$) einen Trend hin zu boxförmigen Isophoten vermuten, falls diese durch solche Ereignisse direkt gebildet würden. Aber weder ein Effekt in Richtung Boxiness noch in Richtung Diskiness wird festgestellt (siehe Abbildung 18). Dies zeigt, dass der vierte Cosinus-Koeffizient zur Pekuliarität einer Galaxie keinen erkennbaren Beitrag leistet. Das Einbeziehen der Boxiness in Schweizers $\Sigma$ mindert also dessen Verwendbarkeit als Pekuliaritäts- und Feinstrukturindex.

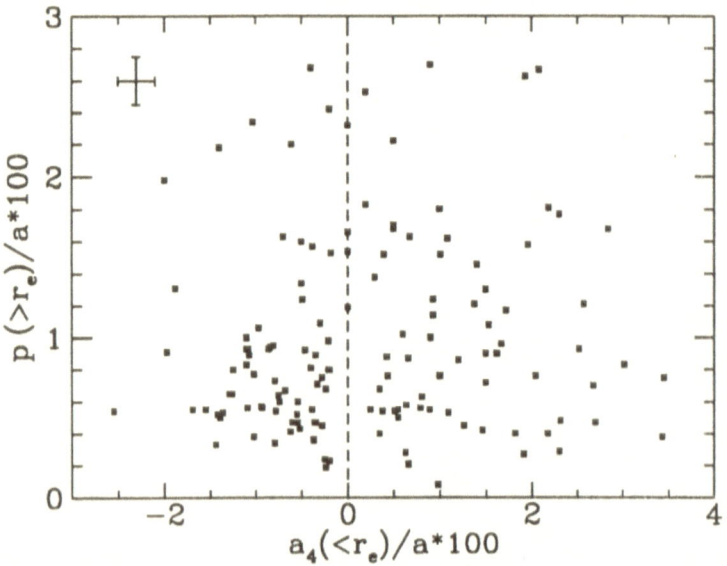

**Abbildung 18**: Vierter Cosinus-Koeffizient $a_4$ ($< r_e$) gegen Pekuliarität $p$ ($> r_e$). $1\sigma$-Fehler sind angezeigt.

## 3.2 Galaxienumgebung gegen Stellare Population

Die Parameterfamilie der Galaxienumgebung wird genauso behandelt wie die der Galaxienstruktur im vorangegangenen Abschnitt. Wir vergleichen sie also mit den Residuen der Mg/$\sigma$- und der (B-V)/$\sigma$-Relation. Die Herkunft der Parameter und die Anzahl der Galaxien, für die dieser zur Verfügung steht, können Tabelle 4 entnommen werden. Aus einer Veröffentlichung von Huchra & Geller (1982) stammen die gruppenspezifischen Parameter $r_c$, die Zeit, die eine Galaxie im Mittel benötigt, um die Gruppe zu durchqueren, $N_{GR}$, die Anzahl der Gruppenmitglieder, $\sigma_{GR}$ und $(M/L)_{GR}$, die Geschwindigkeitsdispersion bzw. das Masse-Leuchtkraft-Verhältnis der Gruppe. $\rho_{xyz}$ gibt die lokale Dichte in Galaxien pro Mpc$^3$ an (Tully 1988). Sie wird aus allen Objekten, die heller sind als $M_T = -16$ mag, mithilfe eines dreidimensionalen Gitters bestimmt, dessen Zwischenräume 0,5 Mpc groß sind. Nach Glättung durch eine Gaußfunktion mit einer Glättungskonstanten von einem Megaparsec ist die lokale Dichte durch den Gitterpunkt bestimmt, der den kleinsten Abstand zum Objekt besitzt. Diese lokale Dichte ist als einziger

| Familie | Parameter | Einheit | Anzahl | Quelle |
|---|---|---|---|---|
| Galaxien-umgebung | local density $\rho_{xyz}$ | Mpc$^{-3}$ | 114 | Tully 1988 |
| | crossing time $r_c$ | $H_0^{-1}$ | 88 | Huchra & Geller 1982 |
| | number of group members $N_{GR}$ | | 88 | |
| | $\sigma_{GR}$ | km s$^{-1}$ | 88 | |
| | $(M/L)_{GR}$ | $M_\odot/L_\odot$ | 88 | |
| Stellare Population | Mg$_2$ | mag | 157 | Faber et al. 1989 |
| | (B-V)$_0$ | mag | 164 | |

**Tabelle 4**: Galaxienumgebung und stellare Population. Angegeben ist die Anzahl der Galaxien, für die der jeweilige Parameter zur Verfügung steht, und die Quelle, aus der die Daten stammen.

| Betrachtete Verteilung | Schnitt bei | KS-Test | | TU-Test | | F-Test | |
|---|---|---|---|---|---|---|---|
| | | d | prob | tu | prob | f | prob |
| $\rho_{xyz} / \Delta Mg_\sigma$ | $\rho_{xyz} = 0.4$ | 0.34 | 0.00431 | -3.35 | 0.00129 | 3.70 | 0.00001 |
| | $\Delta Mg_\sigma = 0$ | 0.32 | 0.01166 | 1.42 | 0.15924 | 1.17 | 0.59291 |
| $\rho_{xyz} / \Delta(B-V)_\sigma$ | $\rho_{xyz} = 0.4$ | 0.30 | 0.01615 | -2.48 | 0.01541 | 3.13 | 0.00007 |
| | $\Delta(B-V)_\sigma = 0$ | 0.25 | 0.08048 | 1.44 | 0.15317 | 1.53 | 0.13009 |

**Tabelle 5**: Die Ergebnisse der statistischen Tests im Überblick. Dieser Auszug der in *Anhang B* gelisteten Tabellen zeigt die Ergebnisse von Kolmogorov-Smirnov-Test, Student's-Test und F-Test, bezogen auf die betrachteten Relationen. *prob* steht für die Wahrscheinlichkeit auf Gleichheit der Verteilungen, der Mittelwerte bzw. der Varianzen. *d* entspricht dem größten Abstand zwischen den beiden kumulativen Wahrscheinlichkeitsverteilungen (siehe Abbildung 13). *tu* ist die Differenz der Mittelwerte, normiert auf die quadratisch gemittelte Varianz der beiden Verteilungen. *f* steht für das Verhältnis der größeren Varianz zur kleineren (Press *et al.* 1989).

der aufgeführten Umgebungsparameter mit den Residuen der Mg/σ- und der (B-V)/σ-Relation korreliert. So überwiegen in Gebieten niedriger Dichte ($\rho_{xyz}$ < 0,4 Mpc$^{-3}$) Galaxien mit negativen Residuen.

Diese Galaxien werden also im Mittel von jüngeren und somit blaueren Sternen bevölkert als solche in Bereichen hoher lokaler Umgebungsdichte (Abbildungen 19 und 20). Diese jungen Sterne können einer Galaxie durch Verschmelzungs- und Akkretionsprozesse hinzugefügt worden sein oder haben sich gar im Verlauf solcher Ereignisse gebildet. Zwar sinkt mit fallender Dichte die Wahrscheinlichkeit von Galaxie-Galaxie-Stößen, jedoch finden diese seltenen Wechselwirkungen offensichtlich mit wesentlich höherer Effizienz statt, da sich die Objekte im Mittel mit niedrigerer Geschwindigkeit bewegen.

Ein Vergleich der lokalen Dichte $\rho_{xyz}$ mit einer gruppenspezifischen Dichte der Form

$$\rho_{GR} = \frac{N_{GR}}{(\sigma_{GR} \cdot \tau_c)^3}$$

erbrachte kein aussagekräftiges Ergebnis, da die zu $\rho_{GR}$ beitragenden Parameter $\sigma_{GR}$ und $\tau_c$ gerade für kleine Gruppen mit sehr großen Unsicherheiten behaftet sind.

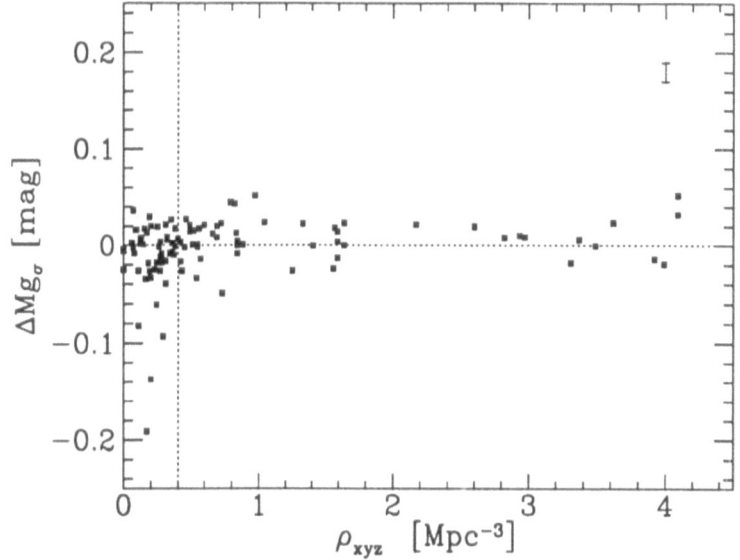

**Abbildung 19**: Lokale Dichte $\rho_{xyz}$ gegen Residuen der Mg/σ-Relation $\Delta Mg_\sigma$. Es liegen die Daten von 104 Galaxien zugrunde.

50  Ergebnisse und Diskussion

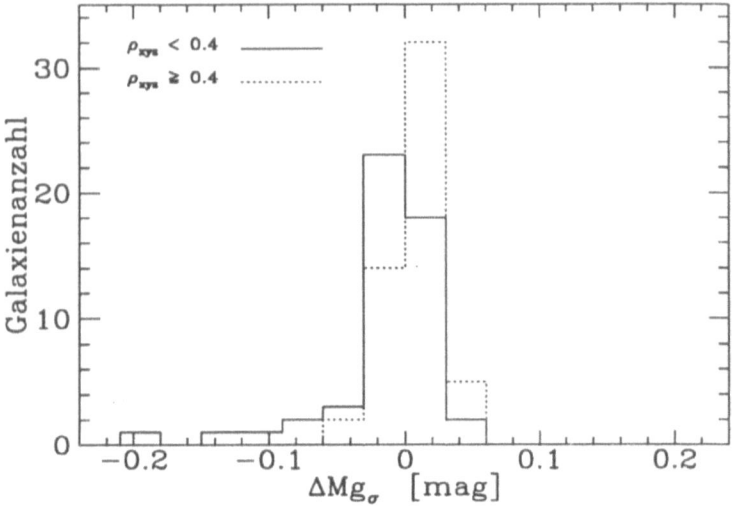

**Abbildung 20**: Histogramm der Residuen $\Delta Mg_\sigma$ für kleine und große lokale Dichten $\rho_{xyz}$.

## 3.3 Galaxienstruktur gegen Galaxienumgebung

Mit der Betrachtung der Parameter-Familien Galaxienstruktur und Galaxienumgebung (siehe Tabelle 6) schließt sich der Kreis. Die strukturellen Parameter Elliptizität und Isophotentwist werden an dieser Stelle nicht diskutiert, da sie keinerlei Informationsbeitrag leisten (vergleiche Abschnitt 3.1). Aus einer Veröffentlichung von Huchra & Geller (1982) stammen die gruppenspezifischen Parameter tc, die Zeit, die eine Galaxie im Mittel benötigt, um die Gruppe zu durchqueren, NGR, die Anzahl der Gruppenmitglieder, $\sigma_{GR}$ und $(M/L)_{GR}$, die Geschwindigkeitsdispersion bzw. das Masse-Leuchtkraft-Verhältnis der Gruppe. $\rho_{xyz}$ gibt die lokale Dichte in Galaxien pro $Mpc^3$ am Ort des entsprechenden Objekts an (Tully 1988).

| Familie | Parameter | Einheit | Anzahl | Quelle |
|---|---|---|---|---|
| Galaxien-<br>struktur | $a_4 (< r_e)$ | % | 214 | aus der |
| | $a_4 (r_e)$ | % | 194 | vorliegen- |
| | $a_4 (> r_e)$ | % | 154 | den Arbeit |
| | $p (< r_e)$ | % | 221 | |
| | $p (> r_e)$ | % | 166 | |
| Galaxien-<br>umgebung | local density $\rho_{xyz}$ | Mpc$^{-3}$ | 114 | Tully 1988 |
| | crossing time $r_c$ | $H_0^{-1}$ | 88 | Huchra & |
| | number of group members $N_{GR}$ | | 88 | Geller 1982 |
| | $\sigma_{GR}$ | km s$^{-1}$ | 88 | |
| | $(M/L)_{GR}$ | $M_\odot/L_\odot$ | 88 | |

**Tabelle 6**: Galaxienstruktur und Galaxienumgebung. Angegeben ist die Anzahl der Galaxien, für die der jeweilige Parameter zur Verfügung steht, und die Quelle, aus der die Daten stammen.

Wie aus Konsistenzgründen zu erwarten war, sind Pekuliarität und lokale Galaxiendichte miteinander korreliert (Tabelle 7). Mit beeindruckender Deutlichkeit zeigt Abbildung 21, dass nur in extrem wenigen Ausnahmefällen hohe Pekuliarität mit hoher Umgebungsdichte vereinbar ist. Die große Mehrheit der betrachteten Objekte ist in Regionen niedriger lokaler Dichte $\rho_{xyz}$ anzutreffen, also im Feld oder in den Randzonen von Galaxiengruppen und -haufen. Wechselwirkungen finden hier vergleichsweise selten statt, aber mit sehr hoher Effizienz, da der Energieübertrag aufgrund der niedrigen Relativgeschwindigkeiten der Galaxien zueinander sehr groß ist. Die Folge ist eine nachhaltige Störung der morphologischen Gestalt, widergespiegelt in einer Erhöhung von $p (> r_e)$.

Indessen kann man Histogramm Abbildung 22 entnehmen, dass es für $\rho_{xyz} > 0,6$ Mpc$^{-3}$ nur fünf pekuliare elliptische Galaxien gibt ($p (> r_e) > 0,75$ %); dem stehen 24 ungestörte Objekte gegenüber.

| Betrachtete Verteilung | Schnitt bei | KS-Test | | TU-Test | | F-Test | |
|---|---|---|---|---|---|---|---|
| | | d | prob | tu | prob | f | prob |
| $p(<r_e) / \rho_{xyz}$ | $p(<r_e) = 0.45$ | 0.28 | 0.02642 | 0.86 | 0.39132 | 1.05 | 0.84034 |
| | $\rho_{xyz} = 0.4$ | 0.34 | 0.00249 | 2.76 | 0.00736 | 6.54 | 0.00000 |
| $p(>r_e) / \rho_{xyz}$ | $p(>r_e) = 0.75$ | 0.41 | 0.00241 | 3.49 | 0.00077 | 4.55 | 0.00002 |
| | $\rho_{xyz} = 0.4$ | 0.39 | 0.00218 | 3.30 | 0.00148 | 2.72 | 0.00147 |
| $p(<r_e) / N_{GR}$ | $p(<r_e) = 0.45$ | 0.39 | 0.00276 | 1.01 | 0.31755 | 1.19 | 0.57923 |
| | $N_{GR} = 15$ | 0.42 | 0.00103 | 3.23 | 0.00213 | 16.63 | 0.00000 |
| $p(>r_e) / N_{GR}$ | $p(>r_e) = 0.75$ | 0.45 | 0.00432 | 1.35 | 0.18363 | 1.24 | 0.58739 |
| | $N_{GR} = 15$ | 0.48 | 0.00104 | 3.49 | 0.00095 | 2.78 | 0.00582 |

**Tabelle 7**: Die Ergebnisse der statistischen Tests im Überblick. Dieser Auszug der in *Anhang B* gelisteten Tabellen zeigt die Ergebnisse von Kolmogorov-Smirnov-Test, Student's-Test und F-Test, bezogen auf die betrachteten Relationen. *prob* steht für die Wahrscheinlichkeit auf Gleichheit der Verteilungen, der Mittelwerte bzw. der Varianzen. *d* entspricht dem größten Abstand zwischen den beiden kumulativen Wahrscheinlichkeitsverteilungen (siehe Abbildung 13). *tu* ist die Differenz der Mittelwerte, normiert auf die quadratisch gemittelte Varianz der beiden Verteilungen. *f* steht für das Verhältnis der größeren Varianz zur kleineren (Press *et al.* 1989).

Bei lokalen Umgebungsdichten von zwei, drei oder gar vier Galaxien pro $Mpc^3$, wie sie nur in Haufen erreicht werden, sinkt dieses Verhältnis von gestörten zu ungestörten Objekten auf eins zu elf.

Obwohl hier die Wahrscheinlichkeit einer Begegnung sehr viel größer ist, bewegen sich die Galaxien doch mit zu hohen Relativgeschwindigkeiten, als dass es zu einer gegenseitigen Beeinflussung kommen könnte, die sich in $p(>r_e)$ niederschlägt.

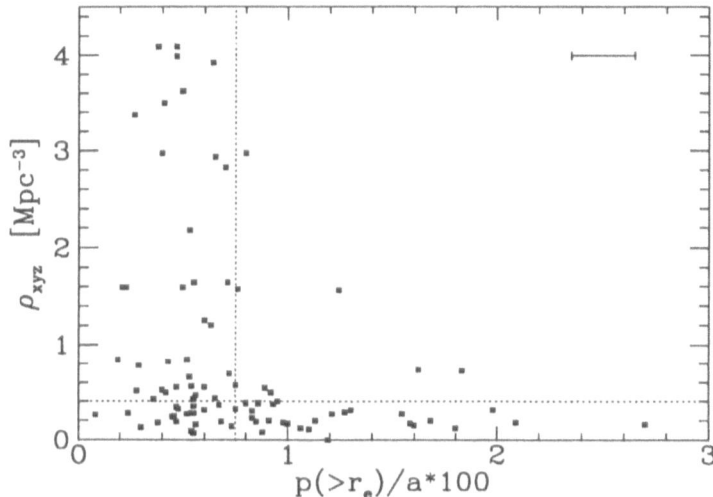

**Abbildung 21**: Pekuliarität $p\,(>r_e)$ gegen lokale Dichte $\rho_{xyz}$. Es liegen die Daten von 88 Galaxien zugrunde.

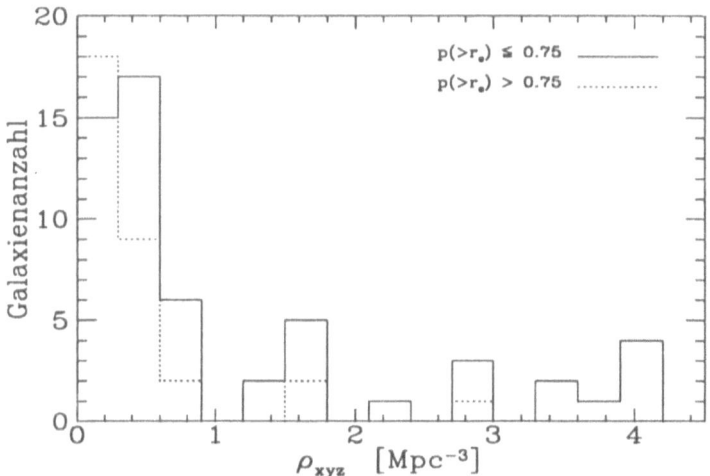

**Abbildung 22**: Histogramm der lokalen Dichte $\rho_{xyz}$ für kleine und große Pekuliaritäten $p\,(>r_e)$.

Geschwindigkeitsdispersion $\sigma_{GR}$ und Masse-Leuchtkraft-Verhältnis $(M/L)_{GR}$ der Gruppe zeigen keinerlei Trend mit einem oder mehreren der strukturellen Parameter. Zwar ergibt ein Vergleich von Durchquerungszeit $\tau_c$ mit allen Varianten von $a_4$ und mit $p$ ($< r_e$) ein signifikantes Ergebnis, was den Kolmogorov-Smirnov-Test betrifft, dennoch fällt eine Interpretation dieser Tatsache schwer.

Betrachtet man zum Beispiel Histogramm Abbildung 23, so besteht der einzige Unterschied zwischen den Verteilungen für boxy bzw. disky E's in der Diskrepanz im Bereich von Durchquerungszeiten um ein Zehntel der Hubblezeit. Dies bewirkt, dass die Wahrscheinlichkeit auf Gleichheit der Verteilungen praktisch gleich null ist (*prob* (KS-Test) = 0,00003), obwohl Mittelwerte und Varianzen sehr ähnlich sind (*prob* (TU-Test) = 0,93726; *prob* (F-Test) = 0,57431).

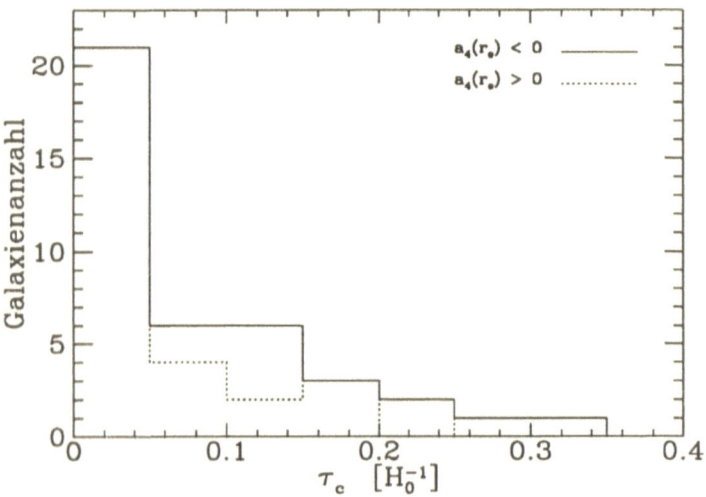

**Abbildung 23**: Histogramm der Durchquerungszeit der Gruppe $\tau_c$ für boxy und disky Isophoten.

Die Anzahl der Gruppenmitglieder $N_{GR}$ ist mit der Pekuliarität der individuellen Galaxie in ähnlicher Weise korreliert wie die lokale Dichte $\rho_{xyz}$ (siehe Tabelle 7). Abbildung 24 kann man entnehmen, dass in der Regel nur in kleinen Gruppen hohe Pekuliaritäten $p\,(> r_e)$ erreicht werden. Ein direkter Vergleich von $\rho_{xyz}$ und $N_{GR}$ verdeutlicht (Abbildung 25), warum sich dieses Ergebnis nahtlos in die Reihe der Argumente einfügen lässt, die schon die lokale Dichte mit der Pekuliarität verkettet.

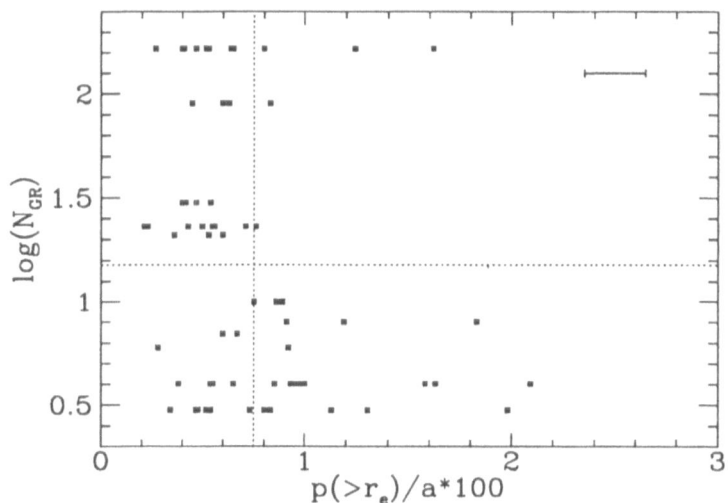

**Abbildung 24**: Pekuliarität $p\,(> r_e)$ gegen Anzahl der Gruppenmitglieder $N_{GR}$. Es liegen die Daten von 65 Galaxien zugrunde.

In konzentrierten, großen Gruppen oder Galaxienhaufen dominieren hohe lokale Umgebungsdichten, was ein Zunehmen der Wechselwirkungswahrscheinlichkeit zur Folge hat. Dies geschieht auf Kosten der Effizienz, so dass deutlich weniger Objekte morphologische Störungen aufweisen. Eine bezüglich der

## 56 Ergebnisse und Diskussion

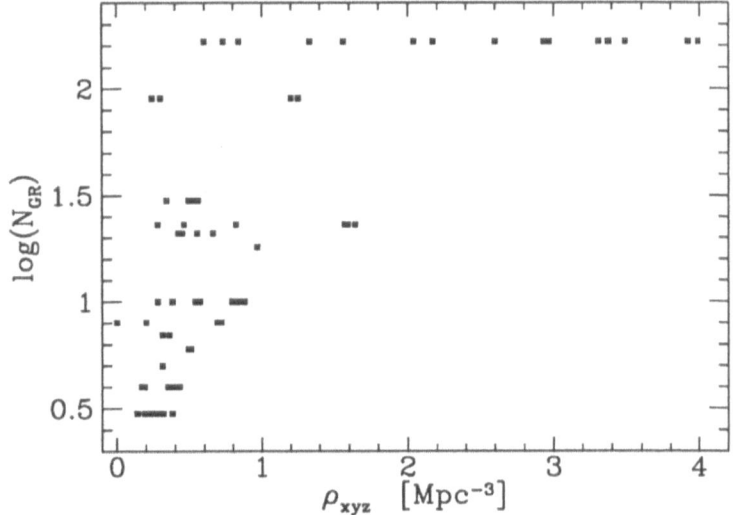

**Abbildung 25**: Lokale Dichte $\rho_{xyz}$ gegen Anzahl der Gruppenmitglieder $N_{GR}$. Es liegen die Daten von 81 Galaxien zugrunde.

Pekuliarität folgenschwerere Kombination von Wechselwirkungswahrscheinlichkeit und -effizienz wird in Gruppen mit drei bis zehn Mitgliedern erzielt (Galaxienpaare und Einzelobjekte werden von Huchra & Geller nicht erfasst), denn hier sind die lokalen Dichten ohne Ausnahme erheblich niedriger.

## 3.4 Absoluthelligkeit und Oberflächenhelligkeit

Gleich zu Beginn der Einleitung dieser Arbeit wird eine Korrelation der mittleren Oberflächenhelligkeit mit der Absoluthelligkeit einer Galaxie angesprochen. Und zwar nimmt die mittlere Oberflächenhelligkeit $SB_e$ mit zunehmender Absoluthelligkeit $M_T$ ab. Mit der Methode der *Principal Components Analysis* (Murtagh & Heck 1987) erhält man zwischen $M_T$ und $SB_e$ eine Abhängigkeit der Form

$$SB_e = 0.72 \, M_T + 6.$$

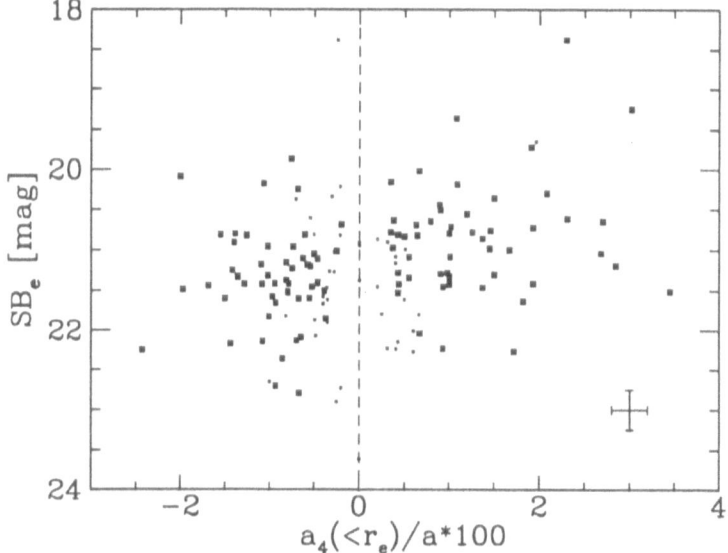

**Abbildung 26**: $a_4$ ($< r_e$) gegen mittlere Oberflächenhelligkeit $SB_e$. Für die verkleinert dargestellten Quadrate gilt $p$ ($< r_e$) $> a_4$ ($< r_e$), was die Glaubwürdigkeit des entsprechenden $a_4$-Wertes herabsetzt. 1σ-Fehler sind angezeigt.

Abbildung 26 belegt einen deutlichen Trend: Elliptische Galaxien mit disky Isophoten haben im Mittel höhere Flächenhelligkeiten als solche mit boxy Isophoten. Obwohl die Varianzen der Verteilungen ähnlich sind, erhalten wir hierdurch eine signifikante Aussage (siehe Tabelle 8).

$a_4$ ($< r_e$) ist auch auf entsprechende Weise mit der Absoluthelligkeit $M_T$ verbunden, denn disky elliptische Galaxien sind im Mittel leuchtschwächer (Abbildung 27). In diesem konsistenten Bild sind also disky E's im Mittel stärker konzentriert als Objekte mit boxförmigen Isophoten.

| Betrachtete Verteilung | Schnitt bei | KS-Test | | TU-Test | | F-Test | |
|---|---|---|---|---|---|---|---|
| | | d | prob | tu | prob | f | prob |
| $a_4$($< r_e$) / $SB_e$ | $a_4$($< r_e$) = 0 | 0.27 | 0.00942 | 2.86 | 0.00495 | 1.05 | 0.84714 |
| | $SB_e$ = 21.23 | 0.26 | 0.01522 | 3.14 | 0.00213 | 2.48 | 0.00014 |
| $a_4$($< r_e$) / $M_T$ | $a_4$($< r_e$) = 0 | 0.28 | 0.00829 | -3.02 | 0.00302 | 1.04 | 0.86161 |
| | $M_T$ = -21.32 | 0.24 | 0.02509 | -3.16 | 0.00197 | 1.82 | 0.01137 |

**Tabelle 8**: Die Ergebnisse der statistischen Tests im Überblick. Dieser Auszug der in *Anhang B* gelisteten Tabellen zeigt die Ergebnisse von Kolmogorov-Smirnov-Test, Student's-Test und F-Test, bezogen auf die betrachteten Relationen. *prob* steht für die Wahrscheinlichkeit auf Gleichheit der Verteilungen, der Mittelwerte bzw. der Varianzen. *d* entspricht dem größten Abstand zwischen den beiden kumulativen Wahrscheinlichkeitsverteilungen (siehe Abbildung 13). *tu* ist die Differenz der Mittelwerte, normiert auf die quadratisch gemittelte Varianz der beiden Verteilungen. *f* steht für das Verhältnis der größeren Varianz zur kleineren (Press *et al.* 1989).

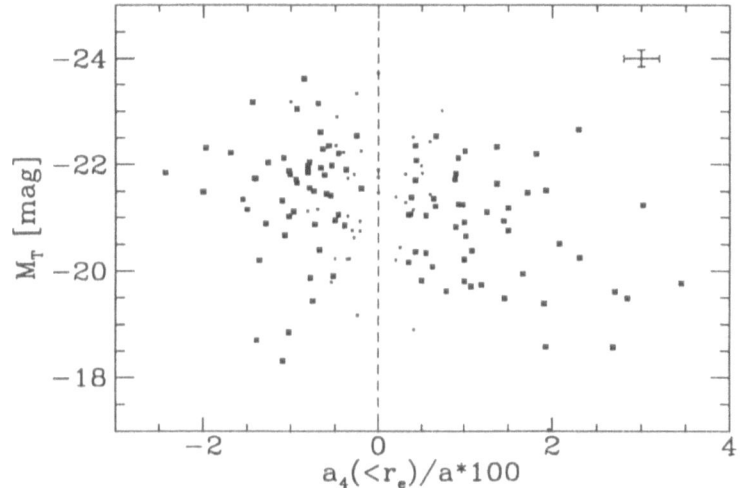

**Abbildung 27**: $a_4 (< r_e)$ gegen Absoluthelligkeit $M_T$. Für die verkleinert dargestellten Quadrate gilt $p (< r_e) > a_4 (< r_e)$, was die Glaubwürdigkeit des entsprechenden $a_4$-Wertes herabsetzt. 1σ-Fehler sind angezeigt.

## 3.5 Pekuliarität gegen Isophotentwist

Abschließend wird der Pekuliaritätsparameter $p (> r_e)$ mit dem Absolutbetrag des Isophotentwists $|\Delta PA(> r_e)|$ verglichen. Objekte mit einer Elliptizität von weniger als 0,15 wurden bei dieser Betrachtung ausgeschlossen, da es bei der Ermittlung der Lage der großen Halbachse solcher praktisch runden Galaxien leicht zu großen Unsicherheiten kommt, die sich natürlich direkt auf den Betrag des Isophotentwists auswirken. Übrig blieben 129 Objekte, die mithilfe der bewährten statistischen Tests untersucht wurden (siehe Tabelle 9).

| Betrachtete Verteilung | Schnitt bei | KS-Test | | TU-Test | | F-Test | |
|---|---|---|---|---|---|---|---|
| | | d | prob | tu | prob | f | prob |
| $p(>r_e)$ / $|\Delta PA(>r_e)|$ | $p(>r_e) = 0.9$ | 0.46 | 0.00000 | -2.66 | 0.00884 | 1.16 | 0.55840 |
| | $|\Delta PA(>r_e)| = 4$ | 0.41 | 0.00003 | -4.07 | 0.00010 | 2.56 | 0.00021 |

**Tabelle 9**: Die Ergebnisse der statistischen Tests im Überblick. Dieser Auszug der in *Anhang B* gelisteten Tabellen zeigt die Ergebnisse von Kolmogorov-Smirnov-Test, Student's-Test und F-Test, bezogen auf die betrachteten Relationen. *prob* steht für die Wahrscheinlichkeit auf Gleichheit der Verteilungen, der Mittelwerte bzw. der Varianzen. *d* entspricht dem größten Abstand zwischen den beiden kumulativen Wahrscheinlichkeitsverteilungen (siehe Abbildung 13). *tu* ist die Differenz der Mittelwerte, normiert auf die quadratisch gemittelte Varianz der beiden Verteilungen. *f* steht für das Verhältnis der größeren Varianz zur kleineren (Press *et al.* 1989).

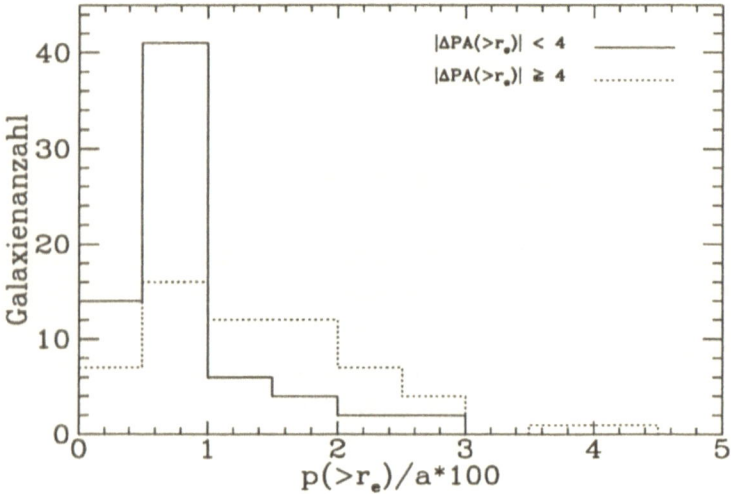

**Abbildung 28**: Histogramm der Pekuliaritäten für kleine und große Isophotentwists.

Es stehen Galaxien mit kleinem Twist ($|\Delta PA(> r_e)| < 4$ Grad) solchen mit großen Isophotendrehungen ($|\Delta PA(> r_e)| \geq 4$ Grad) gegenüber.

Wie man Histogramm Abbildung 28 entnehmen kann, ergeben sich zwei extrem unterschiedliche Verteilungen. So weisen mehr als 70 Prozent aller morphologisch pekuliaren Objekte ($p\,(> r_e) > 1\,\%$) einen Isophotentwist von mindestens vier Grad auf. Nur wenige ungestörte Galaxien ($p\,(> r_e) \leq 1\,\%$) zeigen nennenswerten Twist. Sollten sie keine engen Nachbarn besitzen, die durch Gezeitenwirkung Einfluss auf die Lage der großen Halbachse ausgeübt haben können, ohne dabei die rein elliptische Form der Isophoten zu verändern, kommen sie als Kandidaten in Frage, triaxiale elliptische Sternsysteme zu sein. Insgesamt ist der Isophotentwist aber ein sehr unzureichender Indikator für das Vorhandensein von Triaxialität.

# 4 Zusammenfassung und Ausblick

# 4 Zusammenfassung und Ausblick

Auf Basis einer großen Stichprobe von 223 elliptischen Galaxien wurden Korrelationen zwischen Galaxienstruktur, stellarer Population und Galaxienumgebung gefunden. Zwar ist diese Stichprobe nicht vollständig bis zu einer Grenzgröße von 13,5 mag, aber doch nahezu vollständig bis 12,5 mag. Ferner ist sie frei von Auswahleffekten bezüglich Umgebungsdichte und Wechselwirkungshinweisen.

Bei der Ermittlung der strukturellen Parameter wurde der Effektivradius $r_e$ als Maßstab für eine Zweiteilung des gesamten Radiusbereichs einer Galaxie herangezogen. Die innere Zone von $0.1\, r_e$ bis $r_e$ erfasst die eigentlichen und ungestörten Merkmale des Objekts, die äußere, sie reicht von $r_e$ bis $2\, r_e$, spiegelt eher den Einfluss der Umgebung wider.

Die Einführung eines Pekuliaritätsparameters $p$ ermöglichte es, die etwaige Gestörtheit der Gestalt einer Galaxie auf objektive und reproduzierbare Art und Weise zu erfassen. $p\,(> r_e)$, also die Variante von $p$, die Regionen jenseits des Effektivradius beschreibt, zeigt einen ausgeprägten Trend mit den Residuen der Mg/σ- und der (B-V)/σ-Relation. Galaxien mit großen Pekuliaritäten neigen deutlich zu negativen Abweichungen, werden also im Mittel von jüngeren und blaueren Sternen bevölkert als Objekte ohne erkennbare Störungen. Diese jungen Sterne können einer Galaxie durch Verschmelzungs- und Akkretionsprozesse hinzugefügt worden sein oder haben sich gar im Verlauf solcher Ereignisse gebildet.

Da in Bezug auf die betrachteten Residuen kein Unterschied zwischen Galaxien mit boxy und disky Isophoten feststellbar ist, sind sie im Mittel gleich alt und haben vergleichbare Metallizitäten. Sollten boxy E's also aufgrund von Verschmelzungsprozessen entstanden sein, so ist dies zeitlich sicher nicht wesentlich nach der Entstehung der Galaxien mit disky Isophoten geschehen. Auch $p\,(> r_e)$ zeigt keinen Trend mit dem auf die Länge der großen Halbachse normierten vierten Cosinus-Koeffizienten. $a_4$ leistet also keinen erkennbaren Beitrag zur Pekuliarität einer Galaxie. Das Einbeziehen der Boxiness in den von Schweizer *et al.* (1990) eingeführten Feinstruktur-Parameter $\Sigma$ mindert also dessen Verwendbarkeit als Pekuliaritätsindex. Darüber hinaus tragen die verschiedenen Ingredienzen nicht mit gleicher Stärke oder sogar mit unterschiedlichem Vorzeichen zu $\Sigma$ bei; weiterhin sind einige zeitabhängig und andere nicht.

Dennoch ergibt sich in Anbetracht der großen Fehler, mit denen $\Sigma$ behaftet ist, bei einem Vergleich mit $p\,(> r_e)$ ein konsistentes Bild. So wird deutlich, dass sowohl ungestörte als auch pekuliare elliptische Galaxien von beiden Methoden als solche eingeordnet werden.

Ein Parameter, der die Galaxienumgebung charakterisiert, ist gleichermaßen mit den Residuen der Mg/$\sigma$- und der (B-V)/$\sigma$-Relation und dem Pekuliaritätsparameter $p\,(> r_e)$ korreliert: die lokale Galaxiendichte. Man erkennt mit beeindruckender Deutlichkeit, dass nur in extrem wenigen Fällen hohe Pekuliarität mit hoher Umgebungsdichte vereinbar ist.

Die große Mehrheit der betrachteten Objekte ist in Regionen niedriger lokaler Dichte anzutreffen, also im Feld oder in den Randzonen von Galaxiengruppen und -haufen. Wechselwirkungen finden hier vergleichsweise selten statt, aber mit sehr hoher Effizienz, da Energieübertrag und Verschmelzungswahrscheinlichkeit aufgrund der niedrigen Relativgeschwindigkeiten der Galaxien zueinander sehr groß sind. Die Folge ist eine nachhaltige Störung der morphologischen Gestalt, widergespiegelt in einer Erhöhung von $p\,(> r_e)$ und einem Trend zu negativen Linienstärke-Residuen.

Bei lokalen Umgebungsdichten wie sie nur in Haufenzentren erreicht werden, erhöht sich die Wahrscheinlichkeit einer Galaxienbegegnung sehr. Die Galaxien bewegen sich jedoch mit zu hohen Relativgeschwindigkeiten, als dass es zu einer gegenseitigen Beeinflussung kommen könnte, die sich in $p\,(> r_e)$ oder den Residuen niederschlägt.

Betrachtet man Galaxiengruppen mit drei oder mehr Mitgliedern (Huchra & Geller 1982), so korreliert deren Mitgliederanzahl auf ähnliche Weise mit der Pekuliarität der individuellen Galaxie wie die lokale Dichte. Bei einem direkten Vergleich von Umgebungsdichte und Anzahl der Gruppenmitglieder erkennt man, dass in großen Gruppen oder Galaxienhaufen hohe lokale Umgebungsdichten dominieren. Eine bezüglich der Pekuliarität folgenschwere Kombination von Wechselwirkungswahrscheinlichkeit und -effizienz wird hingegen in Gruppen bis zu zehn Mitgliedern erzielt, denn hier sind die lokalen Dichten ohne Ausnahme erheblich niedriger.

Eine Gegenüberstellung von $a_4\,(< r_e)$ und der mittleren Oberflächenhelligkeit bzw. der Absoluthelligkeit einer Galaxie ermöglicht die Aufdeckung deutlicher Trends: Elliptische Galaxien mit disky Isophoten haben im Mittel höhere Flächenhelligkeiten und sind leuchtschwächer als solche mit boxy Isophoten; sie sind also stärker konzentriert. Verglichen mit der Tatsache, dass die mittlere Oberflächenhelligkeit von elliptischen Galaxien mit zunehmender Absoluthelligkeit abnimmt, ergibt sich ein konsistentes Bild.

Wie ein Vergleich ergibt, weisen morphologisch pekuliare Objekte im Mittel häufiger Isophotendrehungen auf als ungestörte Systeme; zudem ist der Betrag der Verlagerung größer. Nur wenige ungestörte Galaxien zeigen nennenswerten Twist.

Sollten sie keine engen Nachbarn besitzen, die durch Gezeitenwirkung Einfluss auf die Lage der großen Halbachse ausgeübt haben können, ohne dabei die rein elliptische Form der Isophoten zu verändern, kommen sie als Kandidaten in Frage, triaxiale elliptische Sternsysteme zu sein. Insgesamt ist der Isophotentwist aber ein sehr unzureichender Indikator für das Vorhandensein von Triaxialität.

Also wurden auf Basis dieser Galaxienstichprobe Einflüsse der Umgebung auf die Struktur elliptischer Galaxien festgestellt und beschrieben, sowie weitere interessante und anregende Ergebnisse vorgestellt.

In naher Zukunft wird durch das Hinzukommen von weiterem Datenmaterial aus dem ESO-Key-Programm *Towards a physical classification of early-type galaxies* eine noch umfangreichere, ebenfalls keinen Einschränkungen unterworfene Galaxienstichprobe als Arbeitsgrundlage dienen.

Darüber hinaus können die Routinen der automatischen Klassifikation durch geeignete Modifikationen soweit verbessert werden, dass selbst ein nachträgliches Kontrollieren der Ergebnisse durch den Beobachter praktisch nicht mehr nötig wäre.

Dies sollte die Möglichkeit eröffnen, selbst einige Fragen zu beantworten, die bislang noch nicht gestellt wurden.

# 5 Literaturverzeichnis

# 5 Literaturverzeichnis

Bender, R., Möllenhoff, C., 1987, *Sterne und Weltraum*, **26**, 269.

Bender, R., Döbereiner, S., Möllenhoff, C., 1988, *Astron. Astrophys. Suppl.*, **74**, 385.

Bender, R., Surma, P., Döbereiner, S., Möllenhoff, C., Madejsky, R., 1989, *Astron. Astrophys.*, **217**, 35.

Bender, R., 1990, in *Dynamics and Interactions of Galaxies*, Ed. R. Wielen, S.232 (Springer Verlag, Heidelberg).

Bender, R., Burstein, D., Faber, S. M., 1993, *Astrophys. J.*, in Druck.

Bertola, F., 1981, in *The Structure and Evolution of Normal Galaxies*, Ed. S. M. Fall & D. Lynden- Bell (Cambridge University Press, Cambridge 1981).

Bertola, F., Capaccioli, M., 1975, *Astrophys. J.*, **200**, 439.

Binney, J., 1978, *Mon. Not. Roy. Astron. Soc.*, **183**, 501.

Binney, J., 1982, *Ann. Rev. Astron. Astrophys.*, **20**, 399.

Burstein, D., Faber, S. M., Gaskell, C. M., Krumm, N., 1984, *Astrophys. J.*, **287**, 586.

Burstein, D., Davies, R. L., Dressler, A., Faber, S. M., Lynden-Bell, D., Terlevich, R., Wegner, G., 1988, in *Towards Understanding Galaxies at Large Redshift*, Ed. R. G. Kron & A. Renzini, S.17 (Kluwer, Dordrecht).

Burstein, D., Faber, S. M., Dressler, A., 1990, *Astrophys. J.*, **354**, 272.

Capaccioli, M., 1988, in *The World of Galaxies*, Ed. H. G. Corwin, Jr. & L. Bottinelli, S.208 (Springer Verlag).

Davies, R. L., Illingworth, G. D., 1983, *Astrophys. J.*, **266**, 516.

de Vaucouleurs, G., 1948, *Ann. Astrophys.*, **11**, 247.

de Vaucouleurs, G., 1953, *Mon. Not. Roy. Astron. Soc.*, **113**, 134.

Dressler, A., Lynden - Bell, D., Burstein, D., Davies, R. L., Faber, S. M., Terlevich, R. J., Wegner, G., 1987, *Astrophys. J.*, **313**, 42.

Evans, D. S., 1951, *Mon. Not. Roy. Astron. Soc.*, **111**, 526.

Faber, S. M., 1973, *Astrophys. J.*, **179**, 423.

Faber, S. M., Friel, E. D., Burstein, D., Gaskell, C. M., 1985, *Astrophys. J. Suppl.*, **57**, 711.

Faber, S. M., Dressler, A., Davies, R. L., Burstein, D., Lynden - Bell, D., Terlevich, R., Wegner, G., 1987, in *Nearly Normal Galaxies*, Ed. S. M. Faber, S.175 (Springer Verlag, New York).

Faber, S. M., Wegner, G., Burstein, D., Davies, R.L., Dressler, A., Lynden- Bell, D., Terlevich, R. J., 1989, *Astrophys. J. Suppl.*, **69**, 763.

Gregg, M. D., 1992, *Astrophys. J.*, **384**, 43.

Heckman, T. M., Smith, E. P., Baum, S. A., van Breugel, W. J. M., Miley, G. K., Illingworth, G. D., Bothun, G. D., Balick, B., 1986, *Astrophys. J.*, **311**, 526.

Huchra, J. P., Geller, M. J., 1982, *Astrophys. J.*, **257**, 423.

Illingworth, G., 1977, *Astrophys. J. Letters*, **218**, L43.

Kormendy, J., 1977, *Astrophys. J.*, **218**, 333.

Kormendy, J., 1982, in *Morphology and Dynamics of Galaxies,* Ed. L. Martinet & M. Mayor (Saas Fee 1982).

Murtagh, F., Heck, A., 1987, in *Multivariate Data Analysis,* S.13 (Reidel, Dordrecht).

Nieto, J. - L., 1988, $2^{da}$ *Reunion de Astronomia Extragalactica, Academia Nacional de Ciencias de Cordoba,* **58**, 239.

Nieto, J. - L., Bender, R., 1989, *Astron. Astrophys.*, **215**, 266.

Peletier, R., 1989, *Dissertation* (Groningen).

Press, W. H., Flannery, B. P., Teukolsky, S. A., Vetterling, W. T., 1989, *Numerical Recipes (Fortran Version)*, S.464 (Cambridge University Press, Cambridge 1989).

Quinn, P. J., 1991, *Nature*, **349**, 571.

Schombert, J. M., 1987, *Astrophys. J. Suppl.*, **64**, 643.

Schweizer, F., Seitzer, P., 1988, *Astrophys. J.*, **328**, 88.

Schweizer, F., Seitzer, P., Faber, S. M., Burstein, D., Dille Ore, C. M., Gonzales, J. J., 1990, *Astrophys. J. Letters*, **364**, L33.

Scorza, C., 1993, *Inaugural-Dissertation* (Ruprecht-Karls-Universität, Heidelberg).

Seitzer, P., Schweizer, F., 1990, in *Dynamics and Interactions of Galaxies,* Ed. R. Wielen, S.270 (Springer Verlag, Heidelberg).

Smith, E. P., Heckman, T. M., 1989, *Astrophys. J.*, **341**, 658.

Strom, S. E., Strom, K. M., 1978, *Astron. J.*, **83**, 732.

Terlevich, R., Davies, R. L., Faber, S. M., Burstein, D., 1981, *Mon. Not. Roy. Astron. Soc.*, **196**, 381.

Tully, R. B., 1988, *Nearby Galaxies Catalog* (Cambridge University Press, Cambridge 1988).

Wilson, C. P., 1975, *Astron. J.*, **80**, 175.

# Anhang A

# Anhang A

Die nächsten Seiten stellen eine umfassende tabellarische Übersicht aller Parameter der Galaxienstruktur dar, die mit den in Kapitel 2 beschriebenen Methoden ermittelt wurden.

Im Einzelnen sind dies der vierte Cosinus-Koeffizient $a_4$, der Pekuliaritätsparameter $p$, die Elliptizität $\varepsilon$ und der Isophotentwist $\Delta PA$. Hierbei wurde der gesamte Radiusbereich einer Galaxie in zwei wesentliche Zonen aufgeteilt. Diese reichen von $r_{min} \approx 0.1\ r_e$ bis $r_e$ und von $r_e$ bis $r_{max} \approx 2\ r_e$. Die innere Zone erfasst bekanntermaßen die eigentlichen und ungestörten Eigenschaften der Galaxie, wohingegen die äußere direkt den Einfluss der Umgebung widerspiegelt. Darüber hinaus wurden für den vierten Cosinus-Koeffizienten und für die Elliptizität Werte am Effektivradius $r_e$ bestimmt. Die zur Begrenzung der Regionen benötigten Angaben $r_{min}$, $r_e$ und $r_{max}$ werden ebenfalls gelistet.

$q(a_4)$ beschreibt die Qualität der vorliegenden CCD-Daten bezüglich $a_4$. So steht $q(a_4) = 1$ für einwandfreies Material; bis hin zu $q(a_4) = 3$, was unglaubwürdige Werte für $a_4$ kennzeichnet, die folglich bei den statistischen Tests und den grafischen Darstellungen unberücksichtigt blieben. War schließlich die Ermittlung eines repräsentativen Parameters nicht möglich, so wird dies durch einen Strich angezeigt.

Die Sortierung der Objekte richtet sich nach den ersten vier Ziffern im Namen. Ein $N$ zu Beginn des Namens steht für NGC, ein $I$ für IC und so fort. An die Ziffern schließen sich gegebenenfalls ein bis zwei Buchstaben an; der erste kennzeichnet den bei der Aufnahme verwendeten Filter. Ein etwaiges $C$ verrät den Standort des Teleskops (Calar Alto in Spanien). Entfällt diese Angabe, so handelt es sich um eine Aufnahme, die im Rahmen des ESO-Key-Programms *Towards a physical classification of early-type galaxies* gewonnen wurde.

| Objekt | $a_4(r_e)$ [%] | $a_4(<r_e)$ [%] | $a_4(>r_e)$ [%] | $p(<r_e)$ [%] | $p(>r_e)$ [%] | $q(a_4)$ |
|---|---|---|---|---|---|---|
| N0315IC | -1.01 | -0.85 | – | 0.46 | – | 1 |
| N0439V | 0.46 | -0.93 | 0.00 | 0.41 | 0.56 | 1 |
| N0584RC | 0.68 | 0.89 | 2.03 | 0.25 | 0.55 | 1 |
| N0636IC | -0.08 | 1.02 | – | 0.43 | – | 1 |
| N0703IC | 0.31 | 0.70 | – | 0.93 | – | 3 |
| N0720R | 0.50 | 0.90 | 0.70 | 0.28 | 0.46 | 3 |
| N0777IC | -0.27 | -0.67 | – | 0.34 | – | 2 |
| N0890IC | -1.64 | -1.70 | – | 0.50 | – | 1 |
| A1038455 | – | -1.55 | – | 0.56 | – | 1 |
| A1050400 | -0.65 | -0.20 | -0.86 | 0.50 | 2.42 | 2 |
| N1052IC | -0.20 | -0.46 | 0.08 | 0.30 | 0.92 | 2 |
| N1199IC | -0.34 | -0.97 | 2.12 | 0.67 | 1.06 | 1 |
| N1209R | -0.99 | 1.21 | -2.15 | 0.45 | 0.30 | 3 |
| A1249213 | – | – | 2.31 | 0.59 | 2.46 | 2 |
| A1253360 | 1.81 | 2.04 | 1.35 | 0.84 | 0.76 | 1 |
| N1275RC | -0.98 | -1.70 | – | 1.80 | – | 3 |
| N1339R | 0.57 | 0.79 | 0.45 | 0.42 | 0.56 | 1 |
| N1344V | 0.37 | 0.55 | 0.31 | 0.45 | 0.55 | 1 |
| N1351R | 1.07 | 1.00 | 1.64 | 0.30 | 0.76 | 1 |
| N1374R | -0.13 | -0.33 | 0.16 | 0.41 | 0.71 | 1 |
| N1379R | 0.17 | 0.25 | 0.28 | 0.32 | 0.55 | 1 |
| N1395R | -0.74 | -0.74 | 0.00 | 0.25 | 0.60 | 1 |
| N1399R | 0.35 | -0.20 | 0.26 | 0.14 | 0.23 | 1 |
| N1400V | -0.06 | -0.39 | -0.09 | 0.34 | 0.55 | 1 |
| N1404R | -0.26 | 0.66 | -0.26 | 0.19 | 0.21 | 1 |
| N1407R | 0.25 | -0.37 | 0.00 | 0.26 | 0.36 | 1 |
| N1426R | -1.35 | -1.36 | -1.32 | 0.26 | 0.53 | 1 |
| N1427R | -0.15 | 0.55 | 0.00 | 0.36 | 0.50 | 2 |
| N1439V | – | 0.43 | – | 0.51 | – | 1 |
| I1459R | -0.20 | 0.43 | – | 0.31 | – | 1 |
| N1537R | 0.22 | 2.31 | 0.47 | 0.38 | 0.48 | 1 |
| N1549R | – | -0.73 | – | 0.51 | – | 1 |
| N1600R | -0.40 | -1.44 | -0.67 | 0.26 | 0.33 | 1 |
| I2006R | -0.18 | -0.52 | -0.21 | 0.42 | 0.43 | 1 |
| N2073V | -0.04 | 0.61 | -2.13 | 0.80 | 3.10 | 3 |
| E2080210 | 0.70 | 2.30 | – | 0.66 | – | 1 |
| N2089V | 0.61 | 0.00 | 3.87 | 0.81 | 2.32 | 2 |
| N2110RC | 0.03 | -0.24 | -0.12 | 0.67 | 0.68 | 1 |
| E2210260 | 2.03 | 2.08 | 3.37 | 1.12 | 2.67 | 1 |
| N2271V | 0.98 | 1.62 | 1.03 | 0.49 | 0.90 | 1 |
| N2272V | 0.90 | 2.18 | 1.25 | 1.16 | 1.81 | 1 |
| N2300VC | 0.38 | -0.79 | 1.34 | 0.54 | 0.73 | 2 |

| Objekt | $a_4(r_e)$ [%] | $a_4(<r_e)$ [%] | $a_4(>r_e)$ [%] | $p(<r_e)$ [%] | $p(>r_e)$ [%] | $q(a_4)$ |
|---|---|---|---|---|---|---|
| N2305V | -0.27 | -0.81 | – | 0.51 | 4.10 | 1 |
| N2314IC | 0.25 | -0.28 | 1.45 | 0.74 | 0.45 | 1 |
| N2325V | – | -0.66 | – | 0.33 | – | 1 |
| N2328V | -0.97 | 1.52 | -1.25 | 2.14 | 2.54 | 3 |
| N2380V | 1.50 | 1.01 | – | 0.52 | 2.48 | 3 |
| N2434R | -0.25 | -0.36 | 0.46 | 0.41 | 0.47 | 2 |
| N2502V | 2.84 | 2.52 | 5.25 | 0.58 | 0.93 | 1 |
| I2552V | 1.23 | 4.00 | 2.50 | 0.74 | 3.77 | 1 |
| I2594V | 0.14 | 0.30 | 0.30 | 0.92 | 1.38 | 1 |
| I2597V | 0.25 | -0.18 | 0.65 | 0.48 | 1.53 | 2 |
| N2663V | – | -0.64 | – | 0.48 | – | 1 |
| N2693IC | 1.83 | 1.82 | 1.95 | 0.50 | 0.40 | 1 |
| N2695V | – | 0.50 | – | 0.44 | 1.68 | 2 |
| N2717V | 0.26 | 0.68 | 0.93 | 0.68 | 1.63 | 2 |
| N2768IC | 1.42 | 1.04 | – | 0.53 | – | 3 |
| N2865R | 0.53 | 0.67 | 0.61 | 0.42 | 1.10 | 3 |
| N2887V | – | 0.31 | – | 0.42 | – | 2 |
| N2888V | -1.08 | -0.50 | -1.15 | 0.52 | 1.60 | 2 |
| N2891V | 0.32 | 2.36 | -1.55 | 0.75 | 2.30 | 3 |
| N2904V | 0.94 | 1.67 | 1.45 | 0.57 | 0.96 | 1 |
| N2911IC | 1.40 | 1.29 | – | 1.26 | – | 1 |
| N2945V | -0.18 | 0.30 | – | 1.12 | 3.89 | 3 |
| N2974RC | 0.19 | 0.98 | 1.17 | 0.33 | 0.08 | 1 |
| N2986R | -0.17 | -0.55 | 0.00 | 0.33 | 0.52 | 1 |
| E3060170 | – | 1.50 | – | 2.37 | – | 2 |
| N3078R | 0.32 | -1.55 | 1.04 | 0.27 | 0.55 | 1 |
| N3082V | 0.47 | 1.00 | – | 0.50 | 2.70 | 3 |
| N3087V | -1.30 | -0.70 | -1.20 | 0.80 | 1.63 | 2 |
| N3090V | – | – | – | – | – | 3 |
| N3091R1 | -0.05 | -0.79 | 0.00 | 0.26 | 0.34 | 1 |
| N3108V | -0.83 | -1.00 | – | 2.37 | 5.33 | 3 |
| N3115V | 7.08 | 8.91 | 6.68 | 0.46 | 0.88 | 1 |
| N3136R | – | -1.02 | – | 0.69 | – | 2 |
| I3152V | 0.79 | -0.38 | – | 0.64 | 1.57 | 2 |
| N3156R | 0.04 | -1.02 | 0.48 | 2.70 | 1.13 | 3 |
| N3193IC | 0.41 | 0.63 | 0.39 | 0.28 | 0.28 | 1 |
| E3220600 | 2.44 | 2.57 | 3.07 | 0.82 | 1.21 | 1 |
| N3224V | -0.17 | 0.00 | – | 0.58 | 1.66 | 2 |
| E3230340 | -0.81 | -1.10 | -0.70 | 0.48 | 0.93 | 2 |
| N3250R | -0.14 | -0.54 | 0.46 | 0.27 | 0.47 | 1 |
| N3258V | 0.33 | 0.20 | 1.00 | 0.42 | 1.83 | 2 |
| N3260V | 1.92 | 1.50 | 1.50 | 1.50 | 0.72 | 1 |

| Objekt | $a_4(r_e)$ [%] | $a_4(<r_e)$ [%] | $a_4(>r_e)$ [%] | $p(<r_e)$ [%] | $p(>r_e)$ [%] | $q(a_4)$ |
|---|---|---|---|---|---|---|
| N3268V | – | 0.60 | – | 0.66 | – | 2 |
| N3305V | -0.47 | -0.30 | -0.58 | 0.48 | 1.09 | 2 |
| N3308V | 1.45 | 1.72 | 1.17 | 0.73 | 1.17 | 2 |
| N3309IC | 0.30 | -1.01 | – | 0.57 | – | 1 |
| N3311V | – | 0.74 | – | 0.90 | – | 2 |
| N3348RC | 0.16 | 0.51 | -0.28 | 0.60 | 0.54 | 2 |
| I3370V | -1.64 | -1.97 | -2.06 | 1.47 | 0.91 | 2 |
| N3377R1C | -0.68 | 1.46 | -1.66 | 0.33 | 0.42 | 1 |
| N3379IC | 0.10 | 0.35 | -0.15 | 0.21 | 0.40 | 2 |
| N3483V | -0.09 | – | 0.00 | 1.02 | 1.06 | 2 |
| N3516IC | 1.23 | 3.07 | 1.91 | 0.39 | 0.85 | 3 |
| N3557R | 0.28 | -0.25 | 0.00 | 0.18 | 0.24 | 1 |
| N3585R1 | 0.59 | 4.99 | – | 0.41 | – | 1 |
| N3605RC | -1.05 | -1.09 | -1.05 | 0.38 | 0.56 | 1 |
| N3606V | – | 0.20 | 2.13 | 0.51 | 2.53 | 2 |
| N3607RC | -0.33 | -0.35 | -0.53 | 0.45 | 0.47 | 2 |
| N3608RC | -0.35 | -0.78 | -0.30 | 0.37 | 0.54 | 1 |
| N3610IC | -0.24 | 3.02 | 0.49 | 0.47 | 0.83 | 1 |
| N3613IC | -0.23 | 1.26 | -0.45 | 0.47 | 0.45 | 1 |
| N3617V | -0.23 | 1.93 | -3.32 | 0.56 | 2.63 | 1 |
| N3640IC | 0.18 | -0.21 | -0.94 | 0.34 | 0.98 | 1 |
| N3706V | 0.50 | 1.37 | 1.34 | 0.51 | 1.21 | 1 |
| N3818V | -0.32 | 2.84 | -1.40 | 0.57 | 1.68 | 1 |
| N3842RC | -0.30 | -0.4 7 | – | 0.47 | – | 1 |
| N3872RC | 0.42 | 0.64 | -0.81 | 0.32 | 0.58 | 1 |
| N3894IC | -0.68 | -1.06 | – | 0.37 | – | 1 |
| I3896V | 2.00 | 0.90 | 2.00 | 0.70 | 2.70 | 2 |
| N3904IC | 0.67 | 0.90 | 0.44 | 0.36 | 1.00 | 1 |
| N3923V | -0.82 | -0.81 | -0.71 | 0.51 | 0.95 | 1 |
| N3962RC | 0.00 | -0.28 | -0.10 | 0.31 | 0.75 | 1 |
| N4024V | -0.15 | 3.45 | 0.00 | 0.50 | 0.75 | 1 |
| N 4033V | 0.76 | 1.20 | 0.70 | 0.43 | 0.86 | 1 |
| N4087V | -0.40 | – | -2.00 | 0.62 | 2.25 | 2 |
| N4105V | -0.33 | -0.86 | – | 0.86 | 0.93 | 1 |
| N4106V | – | -1.50 | – | 0.99 | – | 2 |
| N4125IC | 1.41 | 1.37 | – | 0.61 | – | 1 |
| N4168IC | 1.06 | 0.93 | 1.14 | 0.42 | 1.24 | 1 |
| E4250190 | -0.78 | -1.88 | -1.50 | 0.74 | 1.31 | 1 |
| N4251IC | 7.13 | 7.28 | 6.78 | 0.30 | 0.63 | 1 |
| N4261IC | -0.79 | -1.42 | -0.83 | 0.39 | 0.52 | 1 |
| N4278IC | 0.25 | -0.54 | 0.50 | 0.56 | 0.60 | 1 |
| E4280110 | – | 0.50 | -1.30 | 0.64 | – | 2 |

| Objekt | $a_4(r_e)$ [%] | $a_4(<r_e)$ [%] | $a_4(>r_e)$ [%] | $p(<r_e)$ [%] | $p(>r_e)$ [%] | $q(a_4)$ |
|---|---|---|---|---|---|---|
| N4291IC | -0.69 | -0.68 | -0.75 | 0.27 | 0.67 | 1 |
| I4296V | 0.04 | -0.48 | – | 0.57 | – | 2 |
| I4329V | -0.25 | 0.81 | – | 0.41 | 0.63 | 1 |
| N4365I1C | -0.98 | -1.29 | -0.84 | 0.26 | 0.65 | 1 |
| N4373V | 0.57 | 0.40 | – | 0.88 | – | 1 |
| N4374IC | -0.35 | -0.60 | -0.97 | 0.48 | 0.47 | 1 |
| N4377VC | -0.23 | 1.35 | – | 0.94 | – | 2 |
| N4382RC | 0.05 | 0.97 | – | 0.60 | – | 2 |
| N4387IC | -0.97 | -1.39 | -1.05 | 0.48 | 0.50 | 1 |
| N4406IC | 0.44 | -0.93 | – | 0.27 | – | 1 |
| I4421V | -0.72 | 0.40 | -1.06 | 0.54 | 1.52 | 2 |
| E4450020 | 0.52 | 1.40 | 0.80 | 0.76 | 1.46 | 2 |
| I4451V | 1.40 | – | 2.00 | 0.53 | 2.01 | 3 |
| N4472RC | -0.02 | -0.46 | – | 0.28 | – | 1 |
| N4473RC | 0.39 | 1.09 | 0.63 | 0.27 | 0.53 | 1 |
| N4476IC | 0.23 | 2.68 | -0.44 | 1.07 | 0.70 | 1 |
| N4478IC | -0.61 | -0.75 | -1.45 | 0.36 | 0.64 | 1 |
| N4489IC | -0.23 | 0.41 | – | 0.46 | – | 1 |
| N4494RC | -0.57 | 0.37 | – | 0.33 | – | 1 |
| N4550RC | 1.54 | 2.17 | 1.94 | 0.76 | 0.40 | 1 |
| N4551RC | -0.30 | -1.02 | -0.46 | 0.24 | 0.38 | 1 |
| N4552IC | -0.23 | -0.21 | -0.55 | 0.30 | 0.80 | 1 |
| N 4564RC | 1.92 | 2.70 | 1.77 | 0.33 | 0.47 | 1 |
| N4583IC | -0.07 | -0.84 | 0.49 | 0.95 | 0.94 | 1 |
| N 4589RC | 0.75 | 0.75 | 0.83 | 0.63 | 0.60 | 3 |
| N4616V | – | 0.66 | – | 1.09 | – | 2 |
| N4621R2C | 0.91 | 1.45 | – | 0.37 | – | 1 |
| N4636IC | -0.17 | 0.31 | – | 0.42 | – | 1 |
| N4645V | 0.00 | 0.00 | 0.50 | 0.55 | 1.19 | 2 |
| N4649IC | -0.41 | -0.62 | -0.76 | 0.25 | 0.41 | 1 |
| N4660RC | 2.03 | 1.91 | 2.56 | 0.63 | 0.27 | 1 |
| N4696V | – | 0.00 | – | 0.59 | – | 2 |
| N4697IC | 0.11 | 1.93 | – | 0.32 | – | 1 |
| N4709V | – | -1.00 | – | 1.57 | – | 2 |
| N4729V | -0.38 | -0.40 | -0.63 | 0.73 | 2.68 | 2 |
| N4742V | 0.70 | 1.08 | 0.50 | 0.45 | 1.62 | 1 |
| N4751V | -1.82 | – | -3.16 | 3.05 | 1.86 | 2 |
| N4760V | – | 0.60 | – | 0.66 | 1.02 | 2 |
| N4767V | – | 0.00 | 0.00 | 0.72 | – | 2 |
| N4786V | 0.79 | 0.93 | 1.41 | 0.41 | 1.14 | 2 |
| N4789RC | 0.21 | 0.67 | – | 0.42 | – | 2 |
| N4830V | -0.03 | 1.50 | 1.50 | 0.74 | 0.90 | 2 |

| Objekt | $a_4(r_e)$ [%] | $a_4(<r_e)$ [%] | $a_4(>r_e)$ [%] | $p(<r_e)$ [%] | $p(>r_e)$ [%] | $q(a_4)$ |
|---|---|---|---|---|---|---|
| N4889IC | -0.47 | 0.98 | – | 0.36 | – | 3 |
| N4936V | – | – | – | 1.21 | 1.42 | 2 |
| E4940350 | 0.16 | 0.66 | 0.75 | 0.80 | 0.87 | 2 |
| N4946V | – | -0.50 | – | 0.41 | 1.34 | 2 |
| N4955V | -0.23 | -1.03 | -0.74 | 1.10 | 2.34 | 2 |
| N4976V | 0.67 | 1.00 | 0.49 | 0.98 | 1.80 | 2 |
| E4990230 | -0.81 | -1.10 | -1.01 | 0.37 | 1.00 | 1 |
| N5011V | 0.00 | 0.00 | -1.00 | 0.59 | 1.54 | 1 |
| N5018IC | 1.50 | 1.32 | 2.26 | 1.00 | 1.27 | 3 |
| N5044V | 0.10 | -0.20 | 0.10 | 0.81 | 0.80 | 2 |
| N5061V | -1.56 | -2.00 | -2.26 | 0.93 | 1.98 | 2 |
| E5070250 | 0.77 | -1.40 | 1.69 | 1.10 | 2.18 | 1 |
| E5070210 | 0.56 | 1.53 | 0.96 | 0.52 | 1.08 | 1 |
| N5077RC | -0.19 | -1.10 | -0.62 | 0.52 | 0.83 | 2 |
| N5087V | 0.99 | 1.50 | 0.69 | 0.95 | 1.30 | 1 |
| N5090V | -0.27 | -0.40 | – | 0.50 | 0.81 | 2 |
| N5102V | -0.13 | 1.96 | 0.00 | 2.32 | 1.58 | 2 |
| N5114V | 0.50 | 0.50 | -1.50 | 0.67 | 1.70 | 2 |
| N5127IC | -0.76 | -1.25 | -1.36 | 0.36 | 0.80 | 1 |
| N5140BV | – | 2.30 | -1.00 | 1.45 | 1.77 | 2 |
| N5253V | – | – | 1.21 | 3.47 | 2.09 | 2 |
| N5304V | – | 2.20 | – | 1.09 | – | 3 |
| N5322RC | -1.29 | -1.26 | -1.32 | 0.28 | 0.65 | 1 |
| N5328V | -0.05 | 1.01 | -0.80 | 0.57 | 1.52 | 1 |
| N5357V | -0.88 | 0.50 | 2.07 | 0.51 | 2.22 | 2 |
| N5363IC | -1.70 | -2.55 | -1.35 | 1.30 | 0.54 | 2 |
| N5419V | – | -0.69 | – | 0.37 | – | 1 |
| N 5444RC | -0.30 | -0.35 | -0.55 | 0.51 | 0.89 | 1 |
| N5490RC | 0.40 | 0.44 | 0.98 | 0.28 | 0.76 | 1 |
| N5493RC | 3.39 | 3.43 | 3.28 | 0.57 | 0.38 | 1 |
| N5516V | – | – | – | – | – | 2 |
| N5557VC | 0.63 | -0.57 | – | 0.38 | – | 2 |
| N5576VC | -0.66 | -1.07 | -0.47 | 0.32 | 0.89 | 1 |
| N5638IC | 0.37 | 0.43 | – | 0.39 | – | 2 |
| E5650300 | -0.26 | -0.61 | -2.36 | 0.90 | 2.20 | 2 |
| N5761V | – | -1.50 | – | 1.44 | – | 2 |
| N5812IC | 0.21 | 0.35 | -0.14 | 0.29 | 0.68 | 2 |
| N5813IC | 0.16 | -0.81 | – | 0.93 | – | 1 |
| N5831IC | -0.41 | 1.00 | – | 0.40 | – | 1 |
| N5845IC | -0.29 | -0.24 | 1.04 | 0.37 | 0.19 | 1 |
| N5846IC | -0.30 | -2.43 | – | 0.58 | – | 2 |
| N5846AIC | -0.05 | -0.31 | -1.07 | 0.56 | 0.29 | 3 |

| Objekt | $a_4(r_e)$ [%] | $a_4(<r_e)$ [%] | $a_4(>r_e)$ [%] | $p(<r_e)$ [%] | $p(>r_e)$ [%] | $q(a_4)$ |
|---|---|---|---|---|---|---|
| N5982VC | -0.82 | -1.02 | -0.71 | 0.28 | 0.77 | 1 |
| N6482IC | 2.36 | 2.30 | 4.29 | 0.40 | 0.29 | 1 |
| N6487IC | -0.50 | 0.31 | – | 0.62 | – | 2 |
| N6702IC | -0.13 | -1.08 | -0.59 | 0.89 | 0.93 | 2 |
| N7052IC | -2.11 | -2.27 | – | 0.43 | – | 2 |
| N7385RC | -0.53 | -0.25 | – | 0.50 | – | 1 |
| N7507R | 0.00 | 0.38 | -0.11 | 0.36 | 0.54 | 1 |
| N7562IC | 0.61 | 0.56 | 2.50 | 0.29 | 0.70 | 3 |
| N7619IC | 0.46 | 0.43 | 0.73 | 0.29 | 0.88 | 1 |
| N7626V | 0.32 | -0.49 | 0.00 | 0.83 | 1.24 | 1 |
| N7785R | -0.65 | -1.69 | -1.03 | 0.62 | 0.55 | 1 |
| N7796R | -0.39 | -0.94 | -0.73 | 0.27 | 0.57 | 1 |
| E920130V | 1.50 | 0.76 | -1.40 | 1.21 | 2.61 | 3 |

Anhang A 81

| Objekt | $\Delta PA(< r_e)$ [Grad] | $\Delta PA(> r_e)$ [Grad] | $r_e$ [arcsec] | $r_{min}$ [arcsec] | $r_{max}$ [arcsec] | $\varepsilon(r_e)$ | $\varepsilon(< r_e)$ | $\varepsilon(> r_e)$ |
|---|---|---|---|---|---|---|---|---|
| N0315IC | -3.28 | – | 38.12 | 4.08 | 48.69 | 0.26 | 0.28 | – |
| N0439V | -1.18 | 4.44 | 42.76 | 4.53 | 73.45 | 0.33 | 0.33 | 0.36 |
| N0584RC | -3.01 | 3.54 | 21.87 | 2.25 | 44.44 | 0.35 | 0.35 | 0.41 |
| N0636IC | – | – | 33.12 | 3.48 | 44.96 | 0.17 | 0.17 | – |
| N0703IC | -73.51 | – | 28.74 | 3.67 | 26.99 | 0.28 | 0.23 | – |
| N0720R | 1.16 | 3.50 | 30.18 | 3.35 | 64.04 | 0.44 | 0.44 | 0.47 |
| N0777IC | 9.59 | – | 26.41 | 3.01 | 32.26 | 0.18 | 0.19 | – |
| N0890IC | -1.39 | – | 35.28 | 3.88 | 43.13 | 0.43 | 0.44 | – |
| A1038455 | -2.78 | – | 24.88 | 2.69 | 52.34 | 0.25 | 0.41 | 0.22 |
| A1050400 | -10.92 | -14.88 | 22.08 | 2.38 | 45.37 | 0.30 | 0.31 | 0.31 |
| N1052IC | 5.48 | 0.49 | 34.51 | 3.89 | 45.24 | 0.32 | 0.34 | 0.30 |
| N1199IC | 9.64 | 2.59 | 26.52 | 2.89 | 41.28 | 0.23 | 0.26 | 0.22 |
| N1209R | 0.82 | 4.16 | 20.25 | 2.20 | 43.97 | 0.57 | 0.57 | 0.58 |
| A1249213 | -14.78 | -24.89 | 14.04 | 1.44 | 29.08 | 0.21 | 0.24 | 0.20 |
| A1253360 | -3.12 | -1.96 | 5.71 | 0.59 | 12.00 | 0.52 | 0.52 | 0.54 |
| N1275RC | -22.49 | – | 40.38 | 4.34 | 38.20 | 0.20 | 0.20 | – |
| N1339R | -2.08 | -1.20 | 17.92 | 1.90 | 35.99 | 0.32 | 0.32 | 0.32 |
| N1344V | -3.70 | -3.26 | 35.51 | 3.76 | 69.50 | 0.38 | 0.38 | 0.40 |
| N1351R | -1.44 | 7.11 | 35.65 | 4.03 | 73.29 | 0.38 | 0.39 | 0.41 |
| N1374R | -5.47 | 23.11 | 28.90 | 3.17 | 58.48 | 0.10 | 0.11 | 0.09 |
| N1379R | 2.74 | 1.36 | 39.39 | 4.47 | 79.52 | 0.03 | 0.03 | 0.10 |
| N1395R | 9.05 | 39.42 | 43.12 | 4.99 | 81.90 | 0.19 | 0.20 | 0.18 |
| N1399R | -2.93 | 33.39 | 30.38 | 3.15 | 62.55 | 0.10 | 0.13 | 0.10 |
| N1400V | 6.72 | -16.56 | 30.26 | 3.09 | 62.81 | 0.11 | 0.13 | 0.12 |
| N1404R | 8.16 | -1.72 | 20.73 | 2.14 | 43.29 | 0.12 | 0.17 | 0.13 |
| N1407R | -13.97 | -47.59 | 44.45 | 4.97 | 80.32 | 0.05 | 0.05 | 0.10 |
| N1426R | 3.98 | 2.42 | 25.52 | 2.60 | 54.28 | 0.37 | 0.38 | 0.36 |
| N1427R | -1.42 | -5.13 | 33.88 | 3.61 | 68.31 | 0.31 | 0.32 | 0.31 |
| N1439V | -31.11 | – | 61.35 | 6.24 | 77.78 | 0.07 | 0.13 | – |
| I1459R | 8.89 | – | 44.63 | 4.75 | 79.05 | 0.26 | 0.28 | – |
| N1537R | 9.45 | 9.02 | 21.76 | 2.23 | 44.35 | 0.44 | 0.47 | 0.42 |
| N1549R | 36.84 | – | 60.07 | 6.85 | 80.06 | 0.12 | 0.17 | – |
| N1600R | -1.42 | -4.22 | 34.75 | 3.67 | 67.55 | 0.32 | 0.36 | 0.31 |
| I2006R | -3.12 | -3.14 | 22.21 | 2.40 | 45.52 | 0.12 | 0.12 | 0.13 |
| N2073V | – | 20.88 | 21.81 | 2.40 | 44.90 | 0.11 | 0.14 | 0.12 |
| E2080210 | -1.30 | -4.50 | 26.43 | 2.65 | 52.94 | 0.37 | 0.49 | 0.35 |
| N2089V | -6.33 | 3.37 | 19.85 | 2.10 | 39.77 | 0.25 | 0.27 | 0.45 |
| N2110RC | 2.80 | 1.15 | 21.49 | 2.37 | 30.76 | 0.23 | 0.25 | 0.23 |
| E2210260 | -4.78 | -1.88 | 48.41 | 5.05 | 62.41 | 0.38 | 0.51 | 0.39 |
| N2271V | 2.79 | 4.03 | 21.15 | 2.33 | 44.35 | 0.42 | 0.45 | 0.40 |
| N2272V | 4.18 | -5.07 | 34.97 | 3.72 | 62.09 | 0.35 | 0.36 | 0.35 |
| N2300VC | 6.19 | 7.40 | 27.91 | 2.95 | 39.36 | 0.15 | 0.24 | 0.17 |

| Objekt | $\Delta PA(<r_e)$ [Grad] | $\Delta PA(>r_e)$ [Grad] | $r_e$ [arcsec] | $r_{min}$ [arcsec] | $r_{max}$ [arcsec] | $\varepsilon(r_e)$ | $\varepsilon(<r_e)$ | $\varepsilon(>r_e)$ |
|---|---|---|---|---|---|---|---|---|
| N2305V | -8.39 | -9.30 | 30.23 | 3.12 | 60.92 | 0.28 | 0.28 | 0.27 |
| N2314IC | -11.94 | -4.29 | 11.56 | 1.84 | 24.60 | 0.16 | 0.16 | 0.18 |
| N2325V | -0.81 | – | 60.91 | 6.29 | 66.25 | 0.45 | 0.44 | – |
| N2328V | -34.91 | -27.56 | 29.29 | 3.05 | 61.14 | 0.22 | 0.35 | 0.17 |
| N2380V | 21.04 | -22.07 | 31.39 | 3.42 | 64.33 | 0.07 | 0.09 | 0.11 |
| N2434R | 8.50 | 25.05 | 33.66 | 3.41 | 67.93 | 0.09 | 0.10 | 0.13 |
| N2502V | 4.00 | 2.82 | 16.96 | 1.73 | 35.57 | 0.24 | 0.23 | 0.42 |
| I2552V | -30.00 | -18.47 | 34.69 | 3.61 | 58.36 | 0.03 | 0.31 | 0.09 |
| I2594V | 10.89 | -11.90 | 19.42 | 2.18 | 41.06 | 0.13 | 0.13 | 0.14 |
| I2597V | -4.74 | -2.37 | 34.14 | 3.55 | 70.16 | 0.31 | 0.32 | 0.34 |
| N2663V | 1.82 | – | 94.56 | 9.77 | 60.03 | 0.28 | 0.37 | – |
| N2693IC | 17.56 | -1.51 | 18.62 | 2.20 | 28.11 | 0.25 | 0.24 | 0.28 |
| N2695V | -7.85 | -7.97 | 20.71 | 2.27 | 42.97 | 0.27 | 0.30 | 0.27 |
| N2717V | 4.43 | -6.09 | 24.08 | 2.48 | 48.96 | 0.29 | 0.30 | 0.28 |
| N2768IC | -1.73 | – | 58.18 | 6.72 | 59.60 | 0.58 | 0.56 | – |
| N2865R | -9.83 | 10.13 | 27.36 | 2.78 | 55.57 | 0.23 | 0.30 | 0.24 |
| N2887V | 3.75 | – | 26.99 | 2.75 | 33.00 | 0.30 | 0.34 | – |
| N2888V | 12.32 | -5.55 | 16.89 | 1.77 | 34.05 | 0.22 | 0.23 | 0.24 |
| N2891V | -90.00 | – | 12.78 | 1.29 | 25.77 | 0.04 | 0.21 | 0.05 |
| N2904V | -3.58 | -3.13 | 15.60 | 1.67 | 32.27 | 0.40 | 0.40 | 0.40 |
| N2911IC | -10.19 | – | 43.00 | 4.52 | 35.21 | 0.23 | 0.22 | – |
| N2945V | 22.72 | -18.69 | 29.54 | 3.05 | 60.84 | 0.14 | 0.14 | 0.19 |
| N2974RC | -5.31 | 3.17 | 27.67 | 3.08 | 52.05 | 0.35 | 0.40 | 0.37 |
| N2986R | 6.39 | -17.70 | 48.16 | 5.28 | 76.68 | 0.15 | 0.17 | 0.18 |
| E3060170 | 0.64 | – | 73.78 | 7.47 | 84.04 | 0.50 | 0.49 | – |
| N3078R | -1.33 | -3.08 | 24.74 | 2.59 | 52.05 | 0.26 | 0.28 | 0.25 |
| N3082V | -6.37 | -2.27 | 22.58 | 2.44 | 42.44 | 0.64 | 0.63 | 0.68 |
| N3087V | 15.83 | – | 35.66 | 3.60 | 70.65 | 0.16 | 0.16 | 0.17 |
| N3090V | – | – | 42.28 | 4.42 | 70.68 | 0.09 | 0.10 | 0.17 |
| N3091Rl | -4.20 | -0.56 | 35.82 | 3.85 | 54.50 | 0.34 | 0.34 | 0.35 |
| N3108V | -24.41 | -46.91 | 29.15 | 3.15 | 60.38 | 0.10 | 0.25 | 0.11 |
| N3115V | -0.96 | -1.06 | 28.91 | 2.92 | 58.70 | 0.68 | 0.68 | 0.69 |
| N3136R | 10.62 | – | 55.21 | 6.15 | 64.35 | 0.29 | 0.28 | – |
| I3152V | 4.33 | -6.80 | 18.08 | 1.89 | 37.97 | 0.15 | 0.15 | 0.18 |
| N3156R | -6.00 | 2.20 | 18.53 | 2.14 | 39.10 | 0.50 | 0.50 | 0.51 |
| N3193IC | -5.31 | 0.82 | 29.27 | 3.02 | 40.42 | 0.10 | 0.16 | 0.10 |
| E3220600 | 3.96 | 1.57 | 11.44 | 1.22 | 23.68 | 0.52 | 0.52 | 0.64 |
| N3224V | 16.23 | 14.88 | 16.70 | 1.83 | 34.35 | 0.13 | 0.12 | 0.13 |
| E3230340 | 6.51 | 2.14 | 14.44 | 1.62 | 29.16 | 0.43 | 0.44 | 0.43 |
| N3250R | -0.97 | 5.90 | 24.99 | 2.65 | 53.10 | 0.28 | 0.28 | 0.28 |
| N3258V | -17.62 | 14.01 | 32.87 | 3.43 | 66.42 | 0.09 | 0.18 | 0.13 |
| N3260V | -10.27 | 13.55 | 15.84 | 1.62 | 31.90 | 0.28 | 0.30 | 0.29 |

| Objekt | $\Delta PA(< r_e)$ [Grad] | $\Delta PA(> r_e)$ [Grad] | $r_e$ [arcsec] | $r_{min}$ [arcsec] | $r_{max}$ [arcsec] | $\varepsilon(r_e)$ | $\varepsilon(< r_e)$ | $\varepsilon(> r_e)$ |
|---|---|---|---|---|---|---|---|---|
| N3268V | -3.87 | – | 68.76 | 7.16 | 67.71 | 0.26 | 0.24 | – |
| N3305V | 9.62 | 16.77 | 9.39 | 0.98 | 18.87 | 0.06 | 0.08 | 0.07 |
| N3308V | -14.48 | -8.72 | 26.13 | 2.89 | 53.37 | 0.28 | 0.28 | 0.28 |
| N3309IC | 4.33 | – | 33.88 | 3.78 | 33.79 | 0.07 | 0.15 | – |
| N3311V | 30.00 | – | 90.00 | 9.60 | 56.00 | – | 0.14 | – |
| N3348RC | -8.86 | -4.06 | 26.57 | 3.06 | 43.87 | 0.09 | 0.10 | 0.09 |
| I3370V | 32.21 | 16.45 | 35.74 | 3.61 | 71.49 | 0.16 | 0.30 | 0.17 |
| N3377RIC | -3.27 | 1.01 | 39.81 | 4.39 | 61.61 | 0.45 | 0.50 | 0.43 |
| N3379IC | -5.70 | 1.44 | 39.45 | 3.95 | 64.49 | 0.13 | 0.13 | 0.13 |
| N3483V | 7.94 | 4.49 | 19.64 | 1.97 | 39.73 | 0.24 | 0.23 | 0.25 |
| N3516IC | – | 0.60 | 11.16 | 1.27 | 24.67 | 0.28 | 0.30 | 0.25 |
| N3557R | -2.52 | -6.86 | 36.95 | 4.13 | 68.55 | 0.27 | 0.27 | 0.27 |
| N3585Rl | 1.70 | – | 46.29 | 4.82 | 76.10 | 0.35 | 0.52 | – |
| N3605RC | -9.24 | 2.13 | 12.25 | 1.30 | 25.32 | 0.40 | 0.40 | 0.42 |
| N3606V | 50.00 | 43.48 | 28.08 | 2.96 | 57.89 | 0.07 | 0.06 | 0.13 |
| N3607RC | 4.39 | 1.23 | 40.17 | 4.57 | 52.81 | 0.14 | 0.23 | 0.13 |
| N3608RC | -1.56 | 1.76 | 45.81 | 5.15 | 59.63 | 0.22 | 0.24 | 0.22 |
| N3610IC | 1.28 | 2.49 | 16.69 | 1.82 | 35.39 | 0.37 | 0.44 | 0.36 |
| N3613IC | 1.00 | -1.17 | 23.49 | 2.76 | 42.60 | 0.53 | 0.53 | 0.52 |
| N3617V | 4.63 | -5.92 | 11.64 | 1.29 | 23.89 | 0.22 | 0.38 | 0.26 |
| N3640IC | 4.87 | -2.67 | 31.22 | 3.54 | 48.07 | 0.16 | 0.24 | 0.18 |
| N3706V | -6.41 | -6.78 | 34.64 | 3.61 | 63.95 | 0.30 | 0.35 | 0.35 |
| N3818V | 4.15 | 4.75 | 29.54 | 3.19 | 56.31 | 0.35 | 0.40 | 0.35 |
| N3842RC | -1.26 | – | 47.10 | 5.04 | 35.80 | 0.19 | 0.22 | – |
| N3872RC | -14.04 | -20.65 | 17.38 | 1.90 | 36.52 | 0.26 | 0.26 | 0.26 |
| N3894IC | 1.69 | – | 26.75 | 2.82 | 33.90 | 0.40 | 0.43 | – |
| I3896V | -8.00 | 9.40 | 37.13 | 4.04 | 72.37 | 0.26 | 0.26 | 0.29 |
| N3904IC | -3.93 | -5.03 | 29.96 | 3.01 | 46.43 | 0.33 | 0.33 | 0.32 |
| N3923V | -1.32 | -3.17 | 57.72 | 5.87 | 77.00 | 0.35 | 0.39 | 0.32 |
| N3962RC | 12.67 | 2.26 | 31.50 | 3.34 | 49.75 | 0.18 | 0.17 | 0.22 |
| N4024V | -8.73 | 6.83 | 25.10 | 2.52 | 51.08 | 0.18 | 0.40 | 0.15 |
| N4033V | -3.14 | -1.71 | 18.45 | 1.92 | 37.74 | 0.52 | 0.51 | 0.54 |
| N4087V | 7.84 | 8.96 | 29.27 | 2.93 | 59.27 | 0.19 | 0.21 | 0.20 |
| N4105V | -4.99 | 5.51 | 48.59 | 5.28 | 62.60 | 0.23 | 0.28 | 0.22 |
| N4106V | – | – | 35.78 | 3.75 | 25.79 | 0.18 | 0.33 | – |
| N4125IC | -2.92 | – | 41.38 | 4.22 | 50.44 | 0.45 | 0.47 | – |
| N4168IC | 4.39 | -4.34 | 29.54 | 3.34 | 45.55 | 0.10 | 0.17 | 0.12 |
| E4250190 | -4.82 | -6.47 | 16.71 | 1.80 | 33.80 | 0.31 | 0.31 | 0.31 |
| N4251IC | 1.56 | 1.03 | 15.55 | 1.63 | 32.67 | 0.52 | 0.52 | 0.56 |
| N4261IC | -4.45 | -1.62 | 37.49 | 3.81 | 54.02 | 0.17 | 0.26 | 0.16 |
| N4278IC | 5.50 | 11.26 | 23.35 | 2.55 | 49.52 | 0.09 | 0.15 | 0.09 |
| E4280110 | 21.69 | 18.67 | 30.49 | 3.17 | 58.13 | 0.20 | 0.20 | 0.27 |

# Anhang A

| Objekt | $\Delta PA(<r_e)$ [Grad] | $\Delta PA(>r_e)$ [Grad] | $r_e$ [arcsec] | $r_{min}$ [arcsec] | $r_{max}$ [arcsec] | $\varepsilon(r_e)$ | $\varepsilon(<r_e)$ | $\varepsilon(>r_e)$ |
|---|---|---|---|---|---|---|---|---|
| N4291IC | 6.22 | -5.58 | 17.28 | 1.92 | 36.44 | 0.26 | 0.27 | 0.24 |
| I4296V | 9.35 | – | 45.71 | 4.81 | 80.88 | 0.10 | 0.11 | 0.10 |
| I4329V | – | 0.92 | 30.00 | 3.26 | 54.31 | 0.38 | 0.37 | 0.47 |
| N4365I1C | -2.61 | -2.10 | 48.33 | 5.33 | 67.61 | 0.26 | 0.26 | 0.26 |
| N4373V | 2.46 | – | 62.76 | 6.39 | 64.04 | 0.27 | 0.29 | – |
| N4374IC | -4.41 | -7.60 | 47.89 | 4.96 | 77.46 | 0.10 | 0.19 | 0.10 |
| N4377VC | 3.78 | – | 58.52 | 6.45 | 27.15 | 0.16 | 0.17 | – |
| N4382RC | -7.29 | – | 130.54 | 14.04 | 61.71 | 0.27 | 0.27 | – |
| N4387IC | 4.96 | 2.37 | 12.81 | 1.34 | 27.27 | 0.41 | 0.41 | 0.42 |
| N4406IC | 6.55 | – | 86.57 | 9.88 | 75.36 | 0.26 | 0.26 | – |
| I4421V | 2.41 | – | 17.39 | 1.86 | 36.26 | 0.34 | 0.36 | 0.33 |
| E4450020 | 14.52 | 10.65 | 48.43 | 4.94 | 69.47 | 0.25 | 0.27 | 0.26 |
| I4451V | 5.90 | – | 27.13 | 2.75 | 56.13 | 0.29 | 0.38 | 0.26 |
| N4472RC | -4.00 | – | 62.76 | 7.42 | 75.34 | 0.18 | 0.18 | – |
| N4473RC | 1.64 | -0.34 | 25.58 | 2.75 | 48.69 | 0.46 | 0.46 | 0.46 |
| N4476IC | -7.01 | -0.76 | 13.22 | 1.63 | 28.35 | 0.35 | 0.48 | 0.35 |
| N4478IC | -5.93 | -5.40 | 14.40 | 1.76 | 29.52 | 0.18 | 0.20 | 0.18 |
| N4489IC | 154.98 | – | 34.52 | 3.84 | 40.31 | 0.11 | 0.11 | – |
| N4494RC | 0.11 | – | 73.50 | 8.07 | 62.23 | 0.14 | 0.18 | – |
| N4550RC | 2.91 | 0.30 | 12.98 | 1.45 | 27.76 | 0.65 | 0.65 | 0.67 |
| N4551RC | -3.41 | 1.21 | 17.29 | 1.92 | 34.92 | 0.30 | 0.30 | 0.30 |
| N4552IC | 23.18 | 6.17 | 29.56 | 3.04 | 60.28 | 0.07 | 0.07 | 0.09 |
| N4564RC | -5.07 | 0.72 | 22.61 | 2.42 | 31.39 | 0.60 | 0.60 | 0.60 |
| N4583IC | 9.71 | 13.66 | 15.17 | 1.52 | 27.16 | 0.17 | 0.22 | 0.15 |
| N4589RC | -7.85 | -6.37 | 33.93 | 3.81 | 62.56 | 0.22 | 0.22 | 0.21 |
| N4616V | -40.86 | – | 26.60 | 2.75 | 54.99 | 0.16 | 0.13 | 0.31 |
| N4621R2C | 1.36 | – | 49.27 | 5.10 | 50.18 | 0.37 | 0.37 | – |
| N4636IC | -12.73 | – | 64.72 | 7.46 | 73.70 | 0.24 | 0.23 | – |
| N4645V | 2.79 | 4.21 | 21.07 | 2.18 | 43.94 | 0.35 | 0.36 | 0.35 |
| N4649IC | 4.17 | 1.51 | 50.96 | 5.83 | 68.08 | 0.21 | 0.20 | 0.21 |
| N4660RC | -6.14 | 1.69 | 10.81 | 1.15 | 22.09 | 0.45 | 0.45 | 0.47 |
| N4696V | 7.33 | – | 111.88 | 12.33 | 64.81 | 0.23 | 0.22 | – |
| N4697IC | 0.84 | – | 77.76 | 7.79 | 65.19 | 0.37 | 0.46 | – |
| N4709V | 49.72 | – | 74.49 | 7.84 | 70.30 | 0.22 | 0.24 | – |
| N4729V | – | – | 22.72 | 2.28 | 45.89 | 0.02 | 0.10 | 0.03 |
| N4742V | -5.54 | 4.05 | 18.17 | 1.83 | 34.07 | 0.39 | 0.39 | 0.42 |
| N4751V | 3.29 | 1.43 | 26.37 | 2.80 | 51.67 | 0.57 | 0.58 | 0.57 |
| N4760V | -12.55 | -4.53 | 46.86 | 4.70 | 85.74 | 0.20 | 0.20 | 0.26 |
| N4767V | 3.88 | -2.60 | 22.17 | 2.39 | 44.75 | 0.45 | 0.45 | 0.47 |
| N4786V | 6.49 | 6.81 | 20.01 | 2.23 | 40.18 | 0.26 | 0.26 | 0.25 |
| N4789RC | 3.17 | – | 24.19 | 2.55 | 24.07 | 0.24 | 0.29 | – |
| N4830V | -3.10 | -3.16 | 20.31 | 2.27 | 41.55 | 0.36 | 0.37 | 0.37 |

| Objekt | $\Delta PA(< r_e)$ [Grad] | $\Delta PA(> r_e)$ [Grad] | $r_e$ [arcsec] | $r_{min}$ [arcsec] | $r_{max}$ [arcsec] | $\varepsilon(r_e)$ | $\varepsilon(< r_e)$ | $\varepsilon(> r_e)$ |
|---|---|---|---|---|---|---|---|---|
| N4889IC | 2.40 | – | 33.31 | 3.37 | 22.77 | 0.36 | 0.37 | – |
| N4936V | 18.77 | 0.15 | 37.98 | 4.27 | 77.78 | 0.16 | 0.18 | 0.18 |
| E4940350 | -1.14 | 1.79 | 7.87 | 2.13 | 16.00 | 0.57 | 0.57 | 0.57 |
| N4946V | 8.94 | 13.28 | 19.08 | 2.01 | 39.29 | 0.11 | 0.13 | 0.15 |
| N4955V | 16.52 | -7.01 | 59.02 | 6.35 | 74.93 | 0.22 | 0.23 | 0.23 |
| N4976V | -4.86 | -2.45 | 61.99 | 6.32 | 69.03 | 0.37 | 0.36 | 0.39 |
| E4990230 | -2.18 | – | 18.49 | 1.98 | 37.62 | 0.33 | 0.33 | 0.34 |
| N5011V | -5.00 | -15.46 | 28.61 | 3.06 | 59.27 | 0.17 | 0.19 | 0.21 |
| N5018IC | 3.56 | 8.72 | 21.94 | 2.23 | 44.69 | 0.28 | 0.32 | 0.28 |
| N5044V | 20.00 | 6.81 | 51.03 | 5.90 | 73.98 | 0.07 | 0.08 | 0.09 |
| N5061V | – | 7.99 | 43.95 | 4.81 | 55.21 | 0.13 | 0.15 | 0.16 |
| E5070250 | 2.24 | -7.34 | 24.13 | 2.58 | 49.62 | 0.22 | 0.31 | 0.23 |
| E5070210 | -1.51 | 2.14 | 16.69 | 1.83 | 35.24 | 0.59 | 0.59 | 0.58 |
| N5077RC | -2.53 | -1.36 | 23.08 | 2.45 | 44.84 | 0.32 | 0.32 | 0.31 |
| N5087V | 2.02 | 2.41 | 14.80 | 1.63 | 31.45 | 0.44 | 0.45 | 0.43 |
| N5090V | 26.17 | -4.59 | 30.00 | 3.19 | 42.86 | 0.23 | 0.23 | 0.25 |
| N5102V | -6.39 | 2.51 | 39.13 | 3.99 | 54.85 | 0.52 | 0.51 | 0.55 |
| N5114V | 3.28 | 4.92 | 21.84 | 2.25 | 45.58 | 0.39 | 0.39 | 0.41 |
| N5127IC | -3.98 | 2.19 | 27.72 | 2.81 | 48.41 | 0.25 | 0.25 | 0.29 |
| N5140BV | -50.00 | -9.94 | 37.79 | 3.88 | 76.64 | 0.10 | 0.32 | 0.16 |
| N5253V | – | -2.22 | 36.23 | 3.79 | 64.89 | 0.54 | 0.54 | 0.56 |
| N5304V | -9.85 | – | 43.61 | 4.71 | 77.06 | 0.24 | 0.35 | 0.28 |
| N5322RC | -2.92 | -0.62 | 39.10 | 4.10 | 58.63 | 0.31 | 0.33 | 0.32 |
| N5328V | -5.26 | -7.42 | 23.61 | 2.56 | 49.29 | 0.28 | 0.34 | 0.30 |
| N5357V | -14.74 | -7.75 | 25.49 | 2.58 | 51.54 | 0.19 | 0.22 | 0.26 |
| N5363IC | -9.89 | -1.11 | 41.10 | 4.78 | 65.40 | 0.23 | 0.29 | 0.28 |
| N5419V | -16.93 | – | 58.39 | 6.25 | 68.88 | 0.21 | 0.21 | – |
| N5444RC | 6.80 | 0.93 | 22.39 | 2.30 | 32.86 | 0.21 | 0.21 | 0.20 |
| N5490RC | 0.43 | 2.55 | 17.57 | 1.79 | 34.59 | 0.18 | 0.18 | 0.23 |
| N5493RC | -7.63 | 0.82 | 10.76 | 1.15 | 23.18 | 0.51 | 0.51 | 0.50 |
| N5516V | -13.49 | 9.85 | 44.54 | 4.78 | 77.81 | 0.27 | 0.27 | 0.35 |
| N5557VC | 6.19 | – | 39.89 | 4.27 | 37.78 | 0.13 | 0.20 | – |
| N5576VC | 2.87 | -2.07 | 22.13 | 2.30 | 36.79 | 0.30 | 0.33 | 0.29 |
| N5638IC | 11.47 | – | 34.22 | 3.96 | 39.52 | 0.11 | 0.12 | – |
| E5650300 | 18.00 | -7.87 | 33.42 | 3.35 | 70.18 | 0.32 | 0.33 | 0.35 |
| N5761V | -30.00 | – | 66.63 | 6.88 | 68.29 | 0.04 | 0.23 | – |
| N5812IC | – | -5.55 | 18.69 | 2.00 | 39.28 | 0.05 | 0.06 | 0.07 |
| N5813IC | -2.71 | – | 176.31 | 18.89 | 55.30 | 0.26 | 0.25 | – |
| N5831IC | – | – | 33.27 | 3.51 | 42.25 | 0.10 | 0.29 | – |
| N5845IC | 20.41 | 1.59 | 3.71 | 0.53 | 7.89 | 0.21 | 0.21 | 0.30 |
| N5846IC | – | – | 56.60 | 6.68 | 47.46 | 0.06 | 0.06 | – |
| N5846AIC | 19.99 | -7.89 | 4.43 | 0.46 | 9.11 | 0.22 | 0.22 | 0.22 |

| Objekt | $\Delta PA(<r_e)$ [Grad] | $\Delta PA(>r_e)$ [Grad] | $r_e$ [arcsec] | $r_{min}$ [arcsec] | $r_{max}$ [arcsec] | $\varepsilon(r_e)$ | $\varepsilon(<r_e)$ | $\varepsilon(>r_e)$ |
|---|---|---|---|---|---|---|---|---|
| N5982VC | -1.01 | -2.04 | 21.36 | 2.27 | 45.87 | 0.30 | 0.30 | 0.31 |
| N6482IC | -9.88 | -0.67 | 16.53 | 1.96 | 34.14 | 0.28 | 0.28 | 0.30 |
| N6487IC | 6.65 | – | 73.12 | 8.17 | 31.88 | 0.06 | 0.05 | – |
| N6702IC | -3.36 | 2.37 | 23.94 | 2.63 | 38.78 | 0.20 | 0.29 | 0.20 |
| N7052IC | 1.28 | – | 34.07 | 3.45 | 37.85 | 0.52 | 0.53 | – |
| N7385RC | -18.11 | – | 25.57 | 3.02 | 34.50 | 0.14 | 0.14 | – |
| N7507R | -9.38 | 63.99 | 31.58 | 3.46 | 65.70 | 0.04 | 0.05 | 0.06 |
| N7562IC | -5.10 | 0.88 | 21.16 | 2.15 | 39.20 | 0.31 | 0.31 | 0.38 |
| N7619IC | -2.53 | -1.43 | 28.15 | 3.05 | 39.77 | 0.20 | 0.26 | 0.20 |
| N7626V | 12.05 | -4.66 | 49.01 | 5.21 | 76.91 | 0.17 | 0.17 | 0.18 |
| N7785R | 1.44 | 2.02 | 18.06 | 2.07 | 37.22 | 0.44 | 0.43 | 0.49 |
| N7796R | 2.41 | 7.12 | 31.53 | 3.50 | 65.31 | 0.13 | 0.19 | 0.18 |
| E920130V | -4.76 | -12.85 | 21.55 | 2.25 | 43.66 | 0.34 | 0.37 | 0.32 |

# Anhang B

# Anhang B

Die drei Parameter-Familien *Galaxienstruktur*, *Stellare Population* und *Galaxienumgebung* sind auf Korrelationen untersucht worden, die jeweils zwei Familien miteinander verbinden. Nicht für die gesamte Stichprobe von 223 Galaxien standen die jeweiligen Parameter auch zur Verfügung. Die genaue Anzahl kann Tabelle 10 entnommen werden.

| Familie | Parameter | Einheit | Anzahl | Quelle |
|---|---|---|---|---|
| Galaxien-struktur | $a_4(< r_e)$ | % | 214 | aus der vorliegenden Arbeit |
| | $a_4(r_e)$ | % | 194 | |
| | $a_4(> r_e)$ | % | 154 | |
| | $p(< r_e)$ | % | 221 | |
| | $p(> r_e)$ | % | 166 | |
| | $\varepsilon(< r_e)$ | | 223 | |
| | $\varepsilon(r_e)$ | | 222 | |
| | $\varepsilon(> r_e)$ | | 175 | |
| | $\Delta PA(< r_e)$ | Grad | 210 | |
| | $\Delta PA(> r_e)$ | Grad | 164 | |
| Stellare Population | $Mg_2$ | mag | 157 | Faber *et al.* 1989 |
| | $(B-V)_0$ | mag | 164 | |
| Galaxien-umgebung | local density $\rho_{xyz}$ | $Mpc^{-3}$ | 114 | Tully 1988 |
| | crossing time $r_c$ | $H_0^{-1}$ | 88 | Huchra & Geller 1982 |
| | number of group members $N_{GR}$ | | 88 | |
| | $\sigma_{GR}$ | $km\ s^{-1}$ | 88 | |
| | $(M/L)_{GR}$ | $M_\odot/L_\odot$ | 88 | |

**Tabelle 10**: Die drei Parameterfamilien. Angegeben ist die Anzahl der Galaxien, für die der jeweilige Parameter zur Verfügung steht, und die Quelle, aus der die Daten stammen.

Wie man der nachfolgenden großen Anzahl von grafischen Darstellungen entnehmen kann, werden je zwei Parameter gegeneinander aufgetragen und durch einen senkrechten und einen waagerechten Schnitt in jeder der beiden Dimensionen in zwei etwa gleich große Gruppen unterteilt. So stellt man sicher, dass die Aussagekraft der erhaltenen Ergebnisse nicht durch wenige Extremwerte beeinträchtigt oder gar dominiert wird. Diese Stichproben werden mithilfe einiger bekannter statistischer Tests auf Gleichheit untersucht. Die Algorithmen sind dem Buch *Numerical Recipes (Fortran Version)* entnommen (Press *et al.* 1989). Alle hier durchgeführten Tests basieren auf einer linearen Werteverteilung.

So untersucht ein als F-Test bezeichnetes Verfahren die beiden Verteilungen auf verschiedene Varianzen. Ein erweiterter Student's-Test (TU-Test) bestimmt und vergleicht die Mittel der Wertemengen. Die Ergebnisse des Kolmogorov-Smirnov-Tests (siehe auch Abbildung 13, Kapitel 3) liegen, verknüpft mit denen von TU- und F-Test, als Bewertungsmaßstab für die Signifikanz der in Kapitel 3 diskutierten Erkenntnisse zugrunde. In kompakter Form schließen sich die Ergebnisse dieser statistischen Tests den entsprechenden Schaubildern an.

# 90 Anhang B

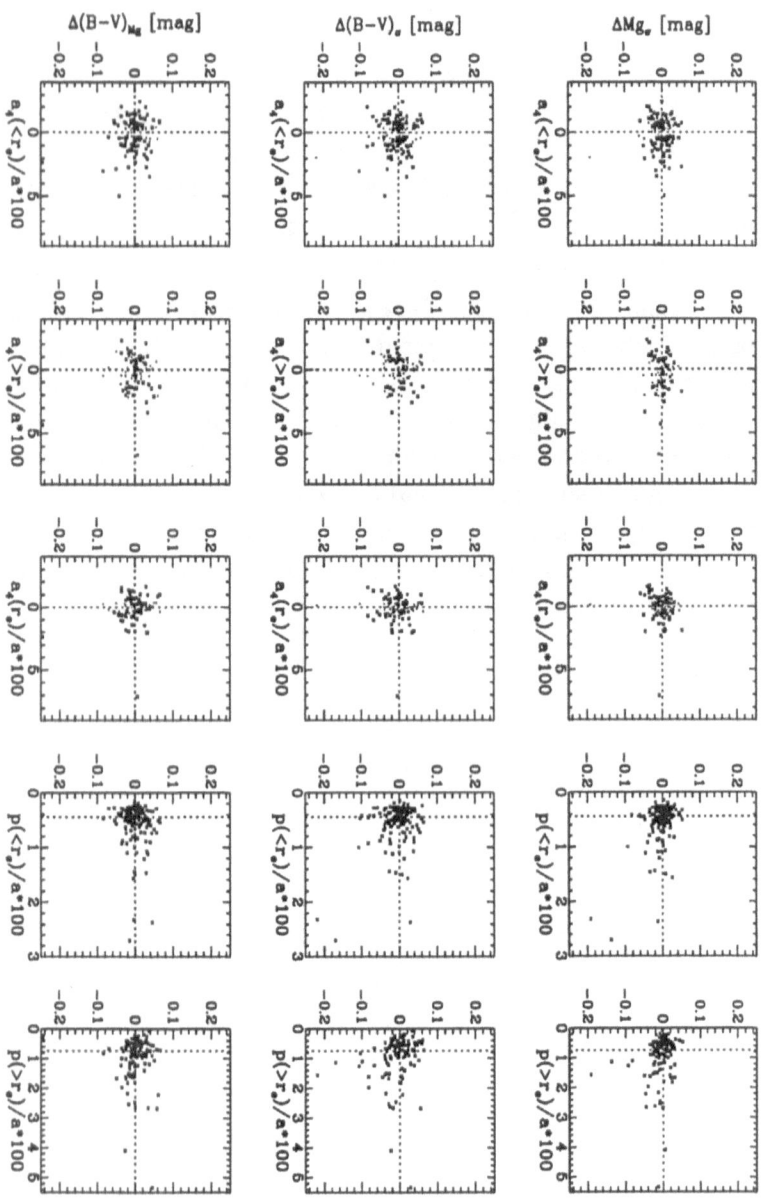

| Betrachtete Verteilung | Schnitt bei | KS-Test | | TU-Test | | F-Test | |
|---|---|---|---|---|---|---|---|
| | | d | prob | tu | prob | f | prob |
| $a_4(<r_e) / \Delta Mg_\sigma$ | $a_4(<r_e) = 0$ | 0.21 | 0.21458 | -1.06 | 0.29358 | 1.17 | 0.58976 |
| | $\Delta Mg_\sigma = 0$ | 0.16 | 0.55224 | 0.32 | 0.75168 | 1.73 | 0.05508 |
| $a_4(>r_e) / \Delta Mg_\sigma$ | $a_4(>r_e) = 0$ | 0.25 | 0.53852 | -1.13 | 0.26566 | 1.17 | 0.72188 |
| | $\Delta Mg_\sigma = 0$ | 0.30 | 0.29309 | 0.38 | 0.70807 | 3.62 | 0.00510 |
| $a_4(r_e) / \Delta Mg_\sigma$ | $a_4(r_e) = 0$ | 0.26 | 0.26386 | -1.53 | 0.13246 | 1.41 | 0.36958 |
| | $\Delta Mg_\sigma = 0$ | 0.24 | 0.36685 | 0.30 | 0.76357 | 2.93 | 0.00586 |
| $p(<r_e) / \Delta Mg_\sigma$ | $p(<r_e) = 0.45$ | 0.25 | 0.01766 | 2.82 | 0.00552 | 2.20 | 0.00060 |
| | $\Delta Mg_\sigma = 0$ | 0.17 | 0.23040 | -2.17 | 0.03176 | 3.17 | 0.00000 |
| $p(>r_e) / \Delta Mg_\sigma$ | $p(>r_e) = 0.75$ | 0.32 | 0.00503 | 3.37 | 0.00116 | 4.59 | 0.00000 |
| | $\Delta Mg_\sigma = 0$ | 0.30 | 0.01000 | -2.27 | 0.02520 | 1.96 | 0.01364 |
| $a_4(<r_e) / \Delta(B-V)_\sigma$ | $a_4(<r_e) = 0$ | 0.16 | 0.54414 | 0.47 | 0.63861 | 1.23 | 0.46429 |
| | $\Delta(B-V)_\sigma = 0$ | 0.15 | 0.62081 | -0.11 | 0.91609 | 1.92 | 0.02736 |
| $a_4(>r_e) / \Delta(B-V)_\sigma$ | $a_4(>r_e) = 0$ | 0.34 | 0.18670 | -1.53 | 0.13384 | 1.60 | 0.29696 |
| | $\Delta(B-V)_\sigma = 0$ | 0.44 | 0.03701 | 1.21 | 0.23672 | 4.40 | 0.00198 |
| $a_4(r_e) / \Delta(B-V)_\sigma$ | $a_4(r_e) = 0$ | 0.13 | 0.97814 | 0.22 | 0.82445 | 1.12 | 0.76657 |
| | $\Delta(B-V)_\sigma = 0$ | 0.28 | 0.22320 | 0.36 | 0.71669 | 2.69 | 0.01772 |
| $p(<r_e) / \Delta(B-V)_\sigma$ | $p(<r_e) = 0.45$ | 0.14 | 0.48074 | 0.74 | 0.46183 | 2.23 | 0.00054 |
| | $\Delta(B-V)_\sigma = 0$ | 0.09 | 0.93298 | -0.74 | 0.45894 | 1.40 | 0.14190 |
| $p(>r_e) / \Delta(B-V)_\sigma$ | $p(>r_e) = 0.75$ | 0.33 | 0.00431 | 3.49 | 0.00078 | 3.56 | 0.00000 |
| | $\Delta(B-V)_\sigma = 0$ | 0.20 | 0.18945 | -1.39 | 0.16731 | 1.22 | 0.44989 |
| $a_4(<r_e) / \Delta(B-V)_{Mg}$ | $a_4(<r_e) = 0$ | 0.17 | 0.42832 | 1.79 | 0.07646 | 2.75 | 0.00054 |
| | $\Delta(B-V)_{Mg} = 0$ | 0.11 | 0.92695 | 0.06 | 0.95222 | 1.67 | 0.07511 |
| $a_4(>r_e) / \Delta(B-V)_{Mg}$ | $a_4(>r_e) = 0$ | 0.22 | 0.69281 | 0.34 | 0.73664 | 8.25 | 0.00002 |
| | $\Delta(B-V)_{Mg} = 0$ | 0.18 | 0.88276 | 0.25 | 0.80547 | 1.44 | 0.43664 |
| $a_4(r_e) / \Delta(B-V)_{Mg}$ | $a_4(r_e) = 0$ | 0.29 | 0.16668 | 2.00 | 0.05225 | 3.93 | 0.00060 |
| | $\Delta(B-V)_{Mg} = 0$ | 0.16 | 0.83428 | 0.52 | 0.60813 | 2.93 | 0.00491 |
| $p(<r_e) / \Delta(B-V)_{Mg}$ | $p(<r_e) = 0.45$ | 0.27 | 0.00588 | -2.57 | 0.01119 | 1.45 | 0.10560 |
| | $\Delta(B-V)_{Mg} = 0$ | 0.12 | 0.67291 | -0.27 | 0.79044 | 1.50 | 0.07474 |
| $p(>r_e) / \Delta(B-V)_{Mg}$ | $p(>r_e) = 0.75$ | 0.22 | 0.10648 | 0.13 | 0.89789 | 2.09 | 0.00656 |
| | $\Delta(B-V)_{Mg} = 0$ | 0.27 | 0.03002 | -1.41 | 0.16142 | 1.31 | 0.30633 |

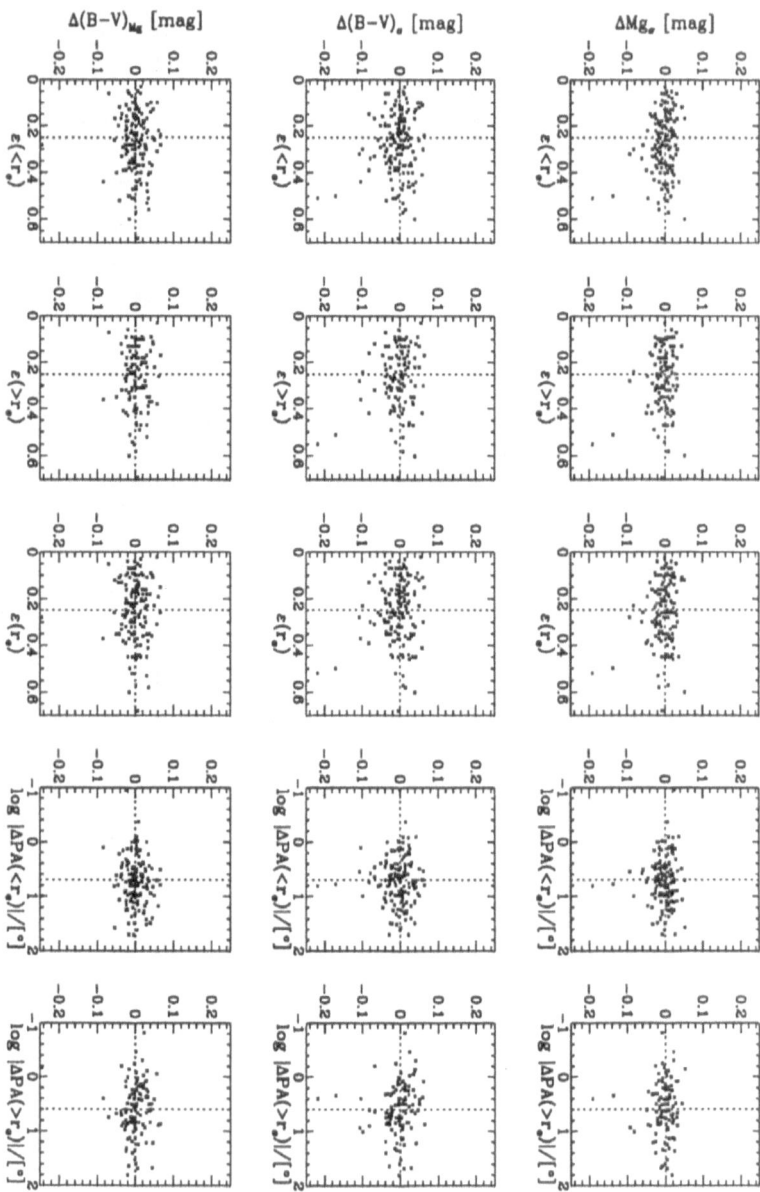

| Betrachtete Verteilung | Schnitt bei | KS-Test | | TU-Test | | F-Test | |
|---|---|---|---|---|---|---|---|
| | | d | prob | tu | prob | f | prob |
| $\varepsilon(<r_e) / \Delta Mg_\sigma$ | $\varepsilon(<r_e) = 0.25$ | 0.21 | 0.07573 | 2.83 | 0.00537 | 3.05 | 0.00000 |
| | $\Delta Mg_\sigma = 0$ | 0:19 | 0.12078 | -1.37 | 0.17246 | 1.15 | 0.53196 |
| $\varepsilon(>r_e) / \Delta Mg_\sigma$ | $\varepsilon(>r_e) = 0.25$ | 0.16 | 0.45778 | 1.45 | 0.15116 | 3.08 | 0.00004 |
| | $\Delta Mg_\sigma = 0$ | 0.10 | 0.92318 | -0.78 | 0.43798 | 1.03 | 0.91191 |
| $\varepsilon(r_e) / \Delta Mg_\sigma$ | $\varepsilon(r_e) = 0.25$ | 0.12 | 0.66599 | 1.54 | 0.12554 | 2.71 | 0.00002 |
| | $\Delta Mg_\sigma = 0$ | 0.13 | 0.53601 | -0.76 | 0.44853 | 1.04 | 0.87969 |
| $\Delta PA(<r_e) / \Delta Mg_\sigma$ | $\Delta PA(<r_e) = 5$ | 0.11 | 0.79538 | 0.25 | 0.80463 | 2.21 | 0.00084 |
| | $\Delta Mg_\sigma = 0$ | 0.14 | 0.47731 | -0.67 | 0.50672 | 1.58 | 0.04988 |
| $\Delta PA(>r_e) / \Delta Mg_\sigma$ | $\Delta PA(>r_e) = 4$ | 0.14 | 0.58964 | 0.05 | 0.95654 | 2.26 | 0.00260 |
| | $\Delta Mg_\sigma = 0$ | 0.06 | 0.99999 | 0.04 | 0.97055 | 1.03 | 0.91614 |
| $\varepsilon(<r_e) / \Delta(B-V)_\sigma$ | $\varepsilon(<r_e) = 0.25$ | 0.21 | 0.07573 | 2.83 | 0.00537 | 3.05 | 0.00000 |
| | $\Delta(B-V)_\sigma = 0$ | 0.19 | 0.12078 | -1.37 | 0.17246 | 1.15 | 0.53196 |
| $\varepsilon(>r_e) / \Delta(B-V)_\sigma$ | $\varepsilon(>r_e) = 0.25$ | 0.16 | 0.45778 | 1.45 | 0.15116 | 3.08 | 0.00004 |
| | $\Delta(B-V)_\sigma = 0$ | 0.10 | 0.92318 | -0.78 | 0.43798 | 1.03 | 0.91191 |
| $\varepsilon(r_e) / \Delta(B-V)_\sigma$ | $\varepsilon(r_e) = 0.25$ | 0.12 | 0.66599 | 1.54 | 0.12554 | 2.71 | 0.00002 |
| | $\Delta(B-V)_\sigma = 0$ | 0.13 | 0.53601 | -0.76 | 0.44853 | 1.04 | 0.87969 |
| $\Delta PA(<r_e) / \Delta(B-V)_\sigma$ | $\Delta PA(<r_e) = 5$ | 0.11 | 0.79538 | 0.25 | 0.80463 | 2.21 | 0.00084 |
| | $\Delta(B-V)_\sigma = 0$ | 0.14 | 0.47731 | -0.67 | 0.50672 | 1.58 | 0.04988 |
| $\Delta PA(>r_e) / \Delta(B-V)_\sigma$ | $\Delta PA(>r_e) = 4$ | 0.14 | 0.58964 | 0.05 | 0.95654 | 2.26 | 0.00260 |
| | $\Delta(B-V)_\sigma = 0$ | 0.06 | 0.99999 | 0.04 | 0.97055 | 1.03 | 0.91614 |
| $\varepsilon(<r_e) / \Delta(B-V)_{Mg}$ | $\varepsilon(<r_e) = 0.25$ | 0.21 | 0.07573 | 2.83 | 0.00537 | 3.05 | 0.00000 |
| | $\Delta(B-V)_{Mg} = 0$ | 0.19 | 0.12078 | -1.37 | 0.17246 | 1.15 | 0.53196 |
| $\varepsilon(>r_e) / \Delta(B-V)_{Mg}$ | $\varepsilon(>r_e) = 0.25$ | 0.16 | 0.45778 | 1.45 | 0.15116 | 3.08 | 0.00004 |
| | $\Delta(B-V)_{Mg} = 0$ | 0.10 | 0.92318 | -0.78 | 0.43798 | 1.03 | 0.91191 |
| $\varepsilon(r_e) / \Delta(B-V)_{Mg}$ | $\varepsilon(r_e) = 0.25$ | 0.12 | 0.66599 | 1.54 | 0.12554 | 2.71 | 0.00002 |
| | $\Delta(B-V)_{Mg} = 0$ | 0.13 | 0.53601 | -0.76 | 0.44853 | 1.04 | 0.87969 |
| $\Delta PA(<r_e)/\Delta(B-V)_{Mg}$ | $\Delta PA(<r_e) = 5$ | 0.11 | 0.79538 | 0.25 | 0.80463 | 2.21 | 0.00084 |
| | $\Delta(B-V)_{Mg} = 0$ | 0.14 | 0.47731 | -0.67 | 0.50672 | 1.58 | 0.04988 |
| $\Delta PA(>r_e)/\Delta(B-V)_{Mg}$ | $\Delta PA(>r_e) = 4$ | 0.14 | 0.58964 | 0.05 | 0.95654 | 2.26 | 0.00260 |
| | $\Delta(B-V)_{Mg} = 0$ | 0.06 | 0.99999 | 0.04 | 0.97055 | 1.03 | 0.91614 |

# Anhang B

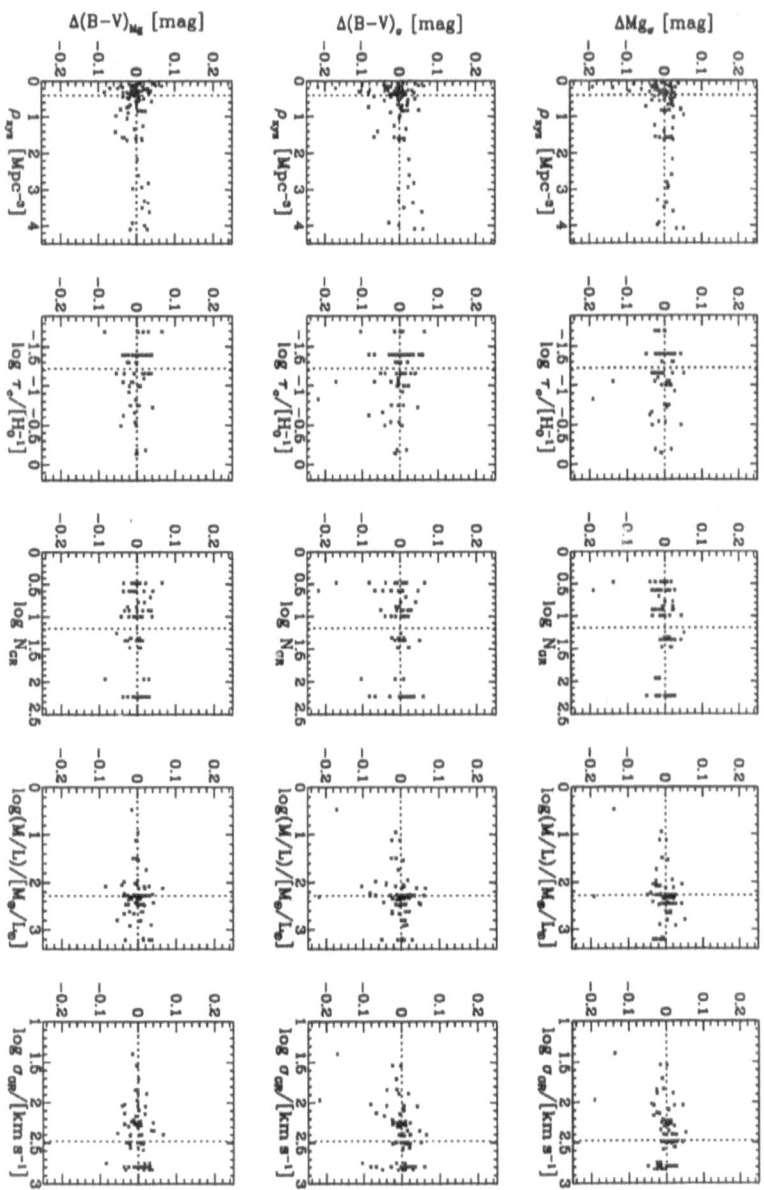

| Betrachtete Verteilung | Schnitt bei | KS-Test | | TU-Test | | F-Test | |
|---|---|---|---|---|---|---|---|
| | | d | prob | tu | prob | f | prob |
| $\rho_{xyz} / \Delta Mg_\sigma$ | $\rho_{xyz} = 0.4$ | 0.34 | 0.00431 | -3.35 | 0.00129 | 3.70 | 0.00001 |
| | $\Delta Mg_\sigma = 0$ | 0.32 | 0.01166 | 1.42 | 0.15924 | 1.17 | 0.59291 |
| $\tau_c / \Delta Mg_\sigma$ | $\tau_c = 0.06$ | 0.24 | 0.21207 | 1.83 | 0.07444 | 5.63 | 0.00000 |
| | $\Delta Mg_\sigma = 0$ | 0.34 | 0.02095 | -1.24 | 0.21950 | 2.57 | 0.00476 |
| $N_{GR} / \Delta Mg_\sigma$ | $N_{GR} = 15$ | 0.27 | 0.13198 | -2.29 | 0.02576 | 3.84 | 0.00010 |
| | $\Delta Mg_\sigma = 0$ | 0.25 | 0.19346 | 0.55 | 0.58300 | 1.22 | 0.55122 |
| $(M/L)_{GR} / \Delta Mg_\sigma$ | $(M/L)_{GR} = 190$ | 0.26 | 0.14433 | -1.03 | 0.30772 | 1.44 | 0.27563 |
| | $\Delta Mg_\sigma = 0$ | 0.37 | 0.00940 | -1.55 | 0.12936 | 11.14 | 0.00000 |
| $\sigma_{GR} / \Delta Mg_\sigma$ | $\sigma_{GR} = 300$ | 0.16 | 0.69871 | -1.27 | 0.21091 | 4.40 | 0.00002 |
| | $\Delta Mg_\sigma = 0$ | 0.27 | 0.12626 | -0.23 | 0.81711 | 1.77 | 0.08243 |
| $\rho_{xyz} / \Delta(B-V)_\sigma$ | $\rho_{xyz} = 0.4$ | 0.30 | 0.01615 | -2.48 | 0.01541 | 3.13 | 0.00007 |
| | $\Delta(B-V)_\sigma = 0$ | 0.25 | 0.08048 | 1.44 | 0.15317 | 1.53 | 0.13009 |
| $\tau_c / \Delta(B-V)_\sigma$ | $\tau_c = 0.06$ | 0.29 | 0.08454 | 1.87 | 0.06621 | 2.62 | 0.00371 |
| | $\Delta(B-V)_\sigma = 0$ | 0.28 | 0.09917 | -1.86 | 0.06784 | 2.69 | 0.00322 |
| $N_{GR} / \Delta(B-V)_\sigma$ | $N_{GR} = 15$ | 0.22 | 0.32846 | -1.41 | 0.16285 | 2.52 | 0.00648 |
| | $\Delta(B-V)_\sigma = 0$ | 0.28 | 0.09917 | 0.84 | 0.40151 | 1.31 | 0.41424 |
| $(M/L)_{GR} / \Delta(B-V)_\sigma$ | $(M/L)_{GR} = 190$ | 0.22 | 0.29825 | -0.70 | 0.48383 | 1.34 | 0.36689 |
| | $\Delta(B-V)_\sigma = 0$ | 0.30 | 0.05934 | 1.61 | 0.11168 | 1.76 | 0.08755 |
| $\sigma_{GR} / \Delta(B-V)_\sigma$ | $\sigma_{GR} = 300$ | 0.30 | 0.06123 | -1.46 | 0.15034 | 2.45 | 0.00751 |
| | $\Delta(B-V)_\sigma = 0$ | 0.35 | 0.01567 | 2.02 | 0.04711 | 1.21 | 0.57088 |
| $\rho_{xyz} / \Delta(B-V)_{Mg}$ | $\rho_{xyz} = 0.4$ | 0.13 | 0.80826 | 0.58 | 0.56239 | 1.68 | 0.06689 |
| | $\Delta(B-V)_{Mg} = 0$ | 0.15 | 0.61337 | 1.15 | 0.25346 | 1.84 | 0.03178 |
| $\tau_c / \Delta(B-V)_{Mg}$ | $\tau_c = 0.06$ | 0.16 | 0.72102 | 0.49 | 0.62417 | 1.12 | 0.74552 |
| | $\Delta(B-V)_{Mg} = 0$ | 0.28 | 0.09734 | -0.34 | 0.73329 | 1.52 | 0.20595 |
| $N_{GR} / \Delta(B-V)_{Mg}$ | $N_{GR} = 15$ | 0.15 | 0.80624 | 0.87 | 0.38668 | 1.01 | 0.98263 |
| | $\Delta(B-V)_{Mg} = 0$ | 0.26 | 0.14630 | 1.42 | 0.16125 | 1.54 | 0.19675 |
| $(M/L)_{GR} / \Delta(B-V)_{Mg}$ | $(M/L)_{GR} = 190$ | 0.16 | 0.68798 | 0.30 | 0.76648 | 1.49 | 0.22615 |
| | $\Delta(B-V)_{Mg} = 0$ | 0.21 | 0.36796 | 1.47 | 0.14741 | 2.94 | 0.00151 |
| $\sigma_{GR} / \Delta(B-V)_{Mg}$ | $\sigma_{GR} = 300$ | 0.27 | 0.12626 | -0.64 | 0.52431 | 1.09 | 0.79377 |
| | $\Delta(B-V)_{Mg} = 0$ | 0.33 | 0.02908 | 2.39 | 0.01923 | 1.25 | 0.49825 |

# 96 Anhang B

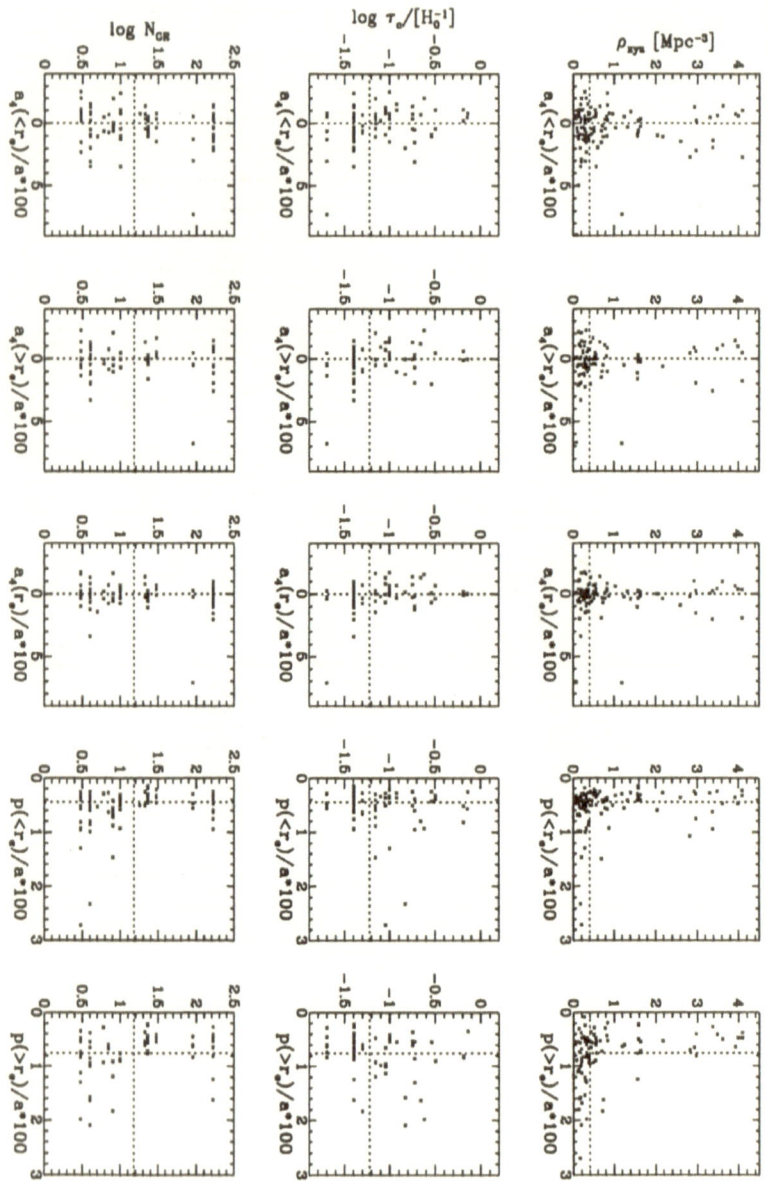

| Betrachtete Verteilung | Schnitt bei | KS-Test | | TU-Test | | F-Test | |
|---|---|---|---|---|---|---|---|
| | | d | prob | tu | prob | f | prob |
| $a_4(<r_e) / \rho_{xyz}$ | $a_4(<r_e) = 0$ | 0.08 | 0.99462 | 0.23 | 0.81983 | 1.46 | 0.18528 |
| | $\rho_{xyz} = 0.4$ | 0.09 | 0.98403 | 0.34 | 0.73303 | 1.71 | 0.05787 |
| $a_4(>r_e) / \rho_{xyz}$ | $a_4(>r_e) = 0$ | 0.16 | 0.77272 | 0.94 | 0.34915 | 2.06 | 0.03433 |
| | $\rho_{xyz} = 0.4$ | 0.10 | 0.98310 | 0.03 | 0.97964 | 1.21 | 0.55518 |
| $a_4(r_e) / \rho_{xyz}$ | $a_4(r_e) = 0$ | 0.12 | 0.88868 | 0.68 | 0.49980 | 1.59 | 0.12747 |
| | $\rho_{xyz} = 0.4$ | 0.13 | 0.81556 | 0.23 | 0.82098 | 1.36 | 0.29666 |
| $p(<r_e) / \rho_{xyz}$ | $p(<r_e) = 0.45$ | 0.28 | 0.02642 | 0.86 | 0.39132 | 1.05 | 0.84034 |
| | $\rho_{xyz} = 0.4$ | 0.34 | 0.00249 | 2.76 | 0.00736 | 6.54 | 0.00000 |
| $p(>r_e) / \rho_{xyz}$ | $p(>r_e) = 0.75$ | 0.41 | 0.00241 | 3.49 | 0.00077 | 4.55 | 0.00002 |
| | $\rho_{xyz} = 0.4$ | 0.39 | 0.00218 | 3.30 | 0.00148 | 2.72 | 0.00147 |
| $a_4(<r_e) / \tau_c$ | $a_4(<r_e) = 0$ | 0.57 | 0.00000 | 2.11 | 0.04017 | 6.14 | 0.00000 |
| | $\tau_c = 0.06$ | 0.36 | 0.00996 | 3.18 | 0.00210 | 2.60 | 0.00389 |
| $a_4(>r_e) / \tau_c$ | $a_4(>r_e) = 0$ | 0.62 | 0.00008 | 1.10 | 0.27776 | 1.15 | 0.71043 |
| | $\tau_c = 0.06$ | 0.39 | 0.01729 | 2.61 | 0.01169 | 2.55 | 0.01313 |
| $a_4(r_e) / \tau_c$ | $a_4(r_e) = 0$ | 0.55 | 0.00003 | 0.08 | 0.93726 | 1.20 | 0.57431 |
| | $\tau_c = 0.06$ | 0.27 | 0.14104 | 2.76 | 0.00750 | 3.40 | 0.00053 |
| $p(<r_e) / \tau_c$ | $p(<r_e) = 0.45$ | 0.36 | 0.00718 | -0.77 | 0.44443 | 2.09 | 0.01602 |
| | $\tau_c = 0.06$ | 0.21 | 0.28269 | -2.05 | 0.04578 | 12.39 | 0.00000 |
| $p(>r_e) / \tau_c$ | $p(>r_e) = 0.75$ | 0.30 | 0.12914 | -1.58 | 0.12177 | 2.12 | 0.03671 |
| | $\tau_c = 0.06$ | 0.31 | 0.08817 | -2.02 | 0.04810 | 1.76 | 0.11378 |
| $a_4(<r_e) / N_{GR}$ | $a_4(<r_e) = 0$ | 0.25 | 0.16408 | -1.46 | 0.14719 | 1.29 | 0.43363 |
| | $N_{GR} = 15$ | 0.27 | 0.08938 | -1.82 | 0.07196 | 1.25 | 0.47656 |
| $a_4(>r_e) / N_{GR}$ | $a_4(>r_e) = 0$ | 0.24 | 0.40029 | 0.45 | 0.65762 | 1.19 | 0.65566 |
| | $N_{GR} = 15$ | 0.19 | 0.60701 | -0.52 | 0.60178 | 1.81 | 0.11087 |
| $a_4(r_e) / N_{GR}$ | $a_4(r_e) = 0$ | 0.24 | 0.23720 | 0.00 | 1.00000 | 1.00 | 0.98049 |
| | $N_{GR} = 15$ | 0.11 | 0.97968 | -1.16 | 0.24888 | 2.34 | 0.01075 |
| $p(<r_e) / N_{GR}$ | $p(<r_e) = 0.45$ | 0.39 | 0.00276 | 1.01 | 0.31755 | 1.19 | 0.57923 |
| | $N_{GR} = 15$ | 0.42 | 0.00103 | 3.23 | 0.00213 | 16.63 | 0.00000 |
| $p(>r_e) / N_{GR}$ | $p(>r_e) = 0.75$ | 0.45 | 0.00432 | 1.35 | 0.18363 | 1.24 | 0.58739 |
| | $N_{GR} = 15$ | 0.48 | 0.00104 | 3.49 | 0.00095 | 2.78 | 0.00582 |

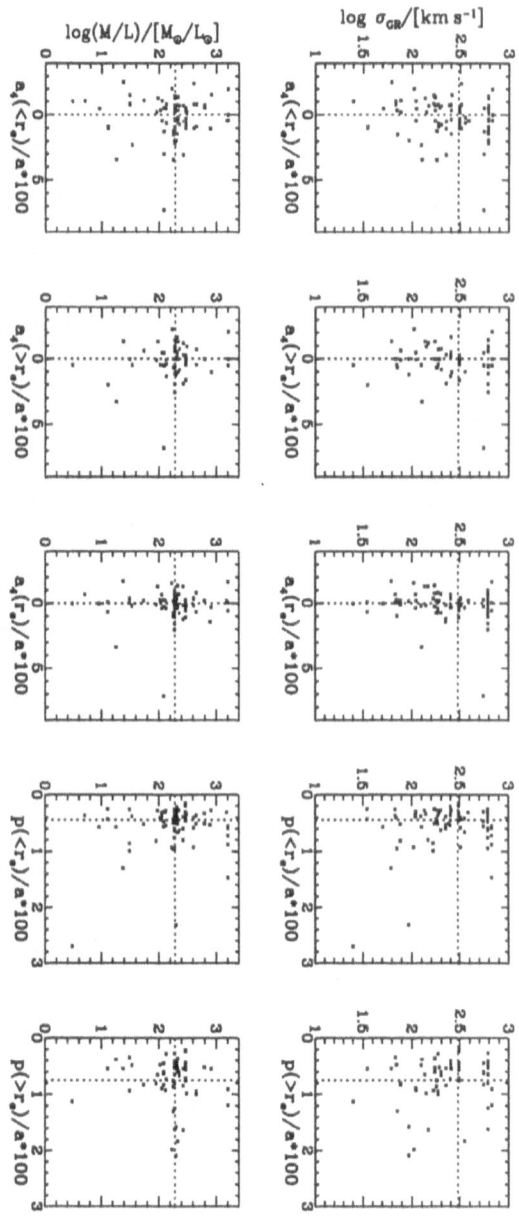

| Betrachtete Verteilung | Schnitt bei | KS-Test | | TU-Test | | F-Test | |
|---|---|---|---|---|---|---|---|
| | | d | prob | tu | prob | f | prob |
| $a_4(<r_e) / \sigma_{GR}$ | $a_4(<r_e) = 0$ | 0.27 | 0.09710 | -1.97 | 0.05267 | 1.07 | 0.82287 |
| | $\sigma_{GR} = 300$ | 0.32 | 0.02604 | -1.69 | 0.09461 | 1.32 | 0.37874 |
| $a_4(>r_e) / \sigma_{GR}$ | $a_4(>r_e) = 0$ | 0.25 | 0.39327 | 0.01 | 0.99503 | 1.04 | 0.91199 |
| | $\sigma_{GR} = 300$ | 0.25 | 0.30193 | -1.22 | 0.22858 | 2.18 | 0.03365 |
| $a_4(r_e) / \sigma_{GR}$ | $a_4(r_e) = 0$ | 0.23 | 0.26175 | -0.36 | 0.72316 | 1.05 | 0.88371 |
| | $\sigma_{GR} = 300$ | 0.21 | 0.34947 | -1.50 | 0.13876 | 2.25 | 0.01504 |
| $p(<r_e) / \sigma_{GR}$ | $p(<r_e) = 0.45$ | 0.15 | 0.69584 | -0.40 | 0.69110 | 1.47 | 0.20894 |
| | $\sigma_{GR} = 300$ | 0.15 | 0.72984 | 1.51 | 0.13544 | 6.95 | 0.00000 |
| $p(>r_e) / \sigma_{GR}$ | $p(>r_e) = 0.75$ | 0.36 | 0.04246 | 0.87 | 0.38932 | 1.40 | 0.34360 |
| | $\sigma_{GR} = 300$ | 0.21 | 0.49221 | 1.04 | 0.30080 | 1.24 | 0.56754 |
| $a_4(<r_e) / (M/L)_{GR}$ | $a_4(<r_e) = 0$ | 0.20 | 0.40047 | -0.16 | 0.87478 | 1.27 | 0.45855 |
| | $(M/L)_{GR} = 190$ | 0.30 | 0.04560 | 1.72 | 0.09073 | 3.76 | 0.00008 |
| $a_4(>r_e) / (M/L)_{GR}$ | $a_4(>r_e) = 0$ | 0.38 | 0.04083 | 0.06 | 0.95624 | 1.05 | 0.91304 |
| | $(M/L)_{GR} = 190$ | 0.30 | 0.11848 | 1.46 | 0.15163 | 4.17 | 0.00022 |
| $a_4(r_e) / (M/L)_{GR}$ | $a_4(r_e) = 0$ | 0.25 | 0.17391 | 0.13 | 0.89477 | 1.29 | 0.45701 |
| | $(M/L)_{GR} = 190$ | 0.20 | 0.45725 | 1.56 | 0.12486 | 5.41 | 0.00000 |
| $p(<r_e) / (M/L)_{GR}$ | $p(<r_e) = 0.45$ | 0.29 | 0.04956 | -1.60 | 0.11694 | 4.82 | 0.00000 |
| | $(M/L)_{GR} = 190$ | 0.11 | 0.94257 | -0.34 | 0.73112 | 2.14 | 0.01362 |
| $p(>r_e) / (M/L)_{GR}$ | $p(>r_e) = 0.75$ | 0.22 | 0.42983 | -1.16 | 0.25501 | 8.21 | 0.00000 |
| | $(M/L)_{GR} = 190$ | 0.17 | 0.74413 | -0.32 | 0.75145 | 1.52 | 0.24213 |

www.ingramcontent.com/pod-product-compliance
Lightning Source LLC
Chambersburg PA
CBHW031925240526
45464CB00022B/918